编 委 会

高职高专项目导向系列教材

石油产品分析与检测

周军　赵占春　主编
于月明　主审

化学工业出版社
·北京·

本书共分 10 个教学情境、18 个子情景、50 个工作任务，从容量分析常用仪器的使用到仪器分析所用的分光光度计和色谱仪的使用，再到石油产品理化性质的测定和使用性能的检测所需的油品分析仪器设备的使用，都紧密结合企业实际分析工作，每一工作任务都配以仪器及设备的图示和文字说明，图文并茂的教材模式不但增添学生的读书兴趣，同时，引领学生很容易按步骤完成工作任务，具有较强的可操作性。

本书不仅可作为高等院校石油化工类专业以及相关专业教材，也可作为石化企业技术和操作人员培训的教材。

图书在版编目（CIP）数据

石油产品分析与检测/周军，赵占春主编 . —北京：化学工业出版社，2012.8

高职高专项目导向系列教材

ISBN 978-7-122-14897-1

Ⅰ.①石… Ⅱ.①周…②赵… Ⅲ.①石油产品-分析-高等职业教育-教材②石油产品-检测-高等职业教育-教材

Ⅳ.①TE626

中国版本图书馆 CIP 数据核字（2012）第 163084 号

责任编辑：张双进　窦　臻　　　　　　　文字编辑：向　东
责任校对：王素芹　　　　　　　　　　　装帧设计：刘丽华

出版发行：化学工业出版社（北京市东城区青年湖南街 13 号　邮政编码 100011）
印　　装：三河市延风印装厂
787mm×1092mm　1/16　印张 8¼　字数 195 千字　2012 年 9 月北京第 1 版第 1 次印刷

购书咨询：010-64518888（传真：010-64519686）　售后服务：010-64518899
网　　址：http://www.cip.com.cn
凡购买本书，如有缺损质量问题，本社销售中心负责调换。

定　　价：24.00 元

序

辽宁石化职业技术学院是于 2002 年经辽宁省政府审批，辽宁省教育厅与中国石油锦州石化公司联合创办的与石化产业紧密对接的独立高职院校，2010 年被确定为首批"国家骨干高职立项建设学校"。多年来，学院深入探索教育教学改革，不断创新人才培养模式。

2007 年，以于雷教授《高等职业教育工学结合人才培养模式理论与实践》报告为引领，学院正式启动工学结合教学改革，评选出 10 名工学结合教学改革能手，奠定了项目化教材建设的人才基础。

2008 年，制定 7 个专业工学结合人才培养方案，确立 21 门工学结合改革课程，建设 13 门特色校本教材，完成了项目化教材建设的初步探索。

2009 年，伴随辽宁省示范校建设，依托校企合作体制机制优势，多元化投资建成特色产学研实训基地，提供了项目化教材内容实施的环境保障。

2010 年，以戴士弘教授《高职课程的能力本位项目化改造》报告为切入点，广大教师进一步解放思想、更新观念，全面进行项目化课程改造，确立了项目化教材建设的指导理念。

2011 年，围绕国家骨干校建设，学院聘请李学锋教授对教师系统培训"基于工作过程系统化的高职课程开发理论"，校企专家共同构建工学结合课程体系，骨干校各重点建设专业分别形成了符合各自实际、突出各自特色的人才培养模式，并全面开展专业核心课程和带动课程的项目导向教材建设工作。

学院整体规划建设的"项目导向系列教材"包括骨干校 5 个重点建设专业（石油化工生产技术、炼油技术、化工设备维修技术、生产过程自动化技术、工业分析与检验）的专业标准与课程标准，以及 52 门课程的项目导向教材。该系列教材体现了当前高等职业教育先进的教育理念，具体体现在以下几点：

在整体设计上，摒弃了学科本位的学术理论中心设计，采用了社会本位的岗位工作任务流程中心设计，保证了教材的职业性；

在内容编排上，以对行业、企业、岗位的调研为基础，以对职业岗位群的责任、任务、工作流程分析为依据，以实际操作的工作任务为载体组织内容，增加了社会需要的新工艺、新技术、新规范、新理念，保证了教材的实用性；

在教学实施上，以学生的能力发展为本位，以实训条件和网络课程资源为手段，融教、学、做为一体，实现了基础理论、职业素质、操作能力同步，保证了教材的有效性；

在课堂评价上，着重过程性评价，弱化终结性评价，把评价作为提升再学习效能的反馈工具，保证了教材的科学性。

目前，该系列校本教材经过校内应用已收到了满意的教学效果，并已应用到企业员工培训工作中，受到了企业工程技术人员的高度评价，希望能够正式出版。根据他们的建议及实际使用效果，学院组织任课教师、企业专家和出版社编辑，对教材内容和形式再次进行了论证、修改和完善，予以整体立项出版，既是对我院几年来教育教学改革成果的一次总结，也希望能够对兄弟院校的教学改革和行业企业的员工培训有所助益。

感谢长期以来关心和支持我院教育教学改革的各位专家与同仁，感谢全体教职员工的辛勤工作，感谢化学工业出版社的大力支持。欢迎大家对我们的教学改革和本次出版的系列教材提出宝贵意见，以便持续改进。

辽宁石化职业技术学院　院长　蒋继春

2012 年春于锦州

前言

本书是高等职业院校项目导向教学改革系列教材，是从培养高技能型人才的目的出发，力求体现高职院校"工学结合"的办学特点和双证融通的要求，将"教、学、做"融为一体，突出实践性和实用性。理论知识部分以够用和必需为度，浅化理论，强化应用，突出技能训练。

编写过程中，编者深入相关企业，汲取企业技术专家的意见，具有针对性地选择学生就业岗位最常用、最基本的实际工作任务作为教材内容，以企业实际工作所用仪器设备为载体，按工作过程由浅入深设计，坚持课程学习与现场实际工作的一致性。

本教材共分 10 个教学情境、18 个子情景、50 个工作任务，从容量分析常用仪器的使用到仪器分析所用的分光光度计和色谱仪的使用，再到石油产品理化性质的测定和使用性能的检测所需的油品分析仪器设备的使用，都紧密结合企业实际分析工作，每一工作任务都配以仪器及设备的图示，每一图示又配以清晰明了的文字说明，图文并茂的教材模式不但增添学生的读书兴趣，同时，引领学生很容易按步骤完成工作任务，具有较强的可操作性。编写充分体现了"工学结合"的新的教学模式。由始至终注重学生实际操作能力的训练和考核。实现"教、学、做，训、练、考"一体化。

本教材由周军（中国石油天然气股份有限公司锦州石化分公司）、赵占春（辽宁石化职业技术学院）主编，于月明主审。中国石油天然气股份有限公司锦州石化分公司高级工程师何丽萍、刘景辉等企业技术专家共同参与了本书的编写工作，同时还得到了中国石油天然气股份有限公司锦州石化分公司分析岗位上的很多技术人员的大力支持和帮助，在此一并表示衷心的感谢。

由于时间仓促及编者的水平有限，在内容的选择和结构的安排上难免存在不妥之处，敬请同行和使用者提出宝贵意见。

编者

2012 年 4 月

目录

石油产品分析与检测概述

一、石油及石油产品

石油是指地下天然存在的，主要由多种烃（可能含有硫、氧、氮非金属元素）组成的复杂混合物，是一种流动或半流动的黏稠状可燃性液体矿物油，加工前称原油。原油多为黑色、深褐色或绿色，少数呈赤褐色、浅黄色或无色，密度一般为 $0.80\sim0.98g/cm^3$，我国原油密度多为 $0.85\sim0.95g/cm^3$。组成原油的元素主要有 C、H、O、N、S，其中，C、H 两种元素占原油质量的 $95\%\sim99\%$，故原油的主要成分是烷烃、环烷烃和芳香烃。通常，含烷烃较多的原油称石蜡基原油，含环烷烃、芳香烃较多的原油称环烷基原油，介于两者之间的称中间基原油。O、N、S 三种元素占原油质量的 $1\%\sim5\%$，含量虽少，但其存在对石油炼制和油品质量的危害却很大。其中硫醇的存在，不仅能直接腐蚀设备，而且燃烧后还会产生大气污染物 SO_2。除此之外，原油中还含有 Cl、I、P、As、Si、Na、K 等 30 多种微量元素，它们均以化合态存在，影响原油深加工催化剂的活性及油品质量。由于它们大多数残留于油品燃烧后的残渣中，因此，又称之为灰分元素。

原油经过一系列加工过程（即石油炼制过程）而得到的各种商品，统称为石油产品，简称油品。油品总的分为：燃料（F）、溶剂和化工原料（S）、润滑剂和有关产品（L）、蜡（W）、沥青（B）和焦（C）。

二、石油产品分析的任务

人们把用统一规定或公认的试验方法，分析检验石油和石油产品的理化性质和使用性能的试验过程，称为石油产品分析。它是检验油品质量、评定油品使用性能、管理油品质量的重要环节，是处理油品质量问题的主要依据；对原油及其他原料进行分析，测定其基本理化性质和烃类族组成，为确定原油的加工方案提供基础数据；生产中在线检测中间产品质量，为控制工艺条件提供数据。

三、石油产品分析标准

1. 石油产品标准

石油产品标准是将石油产品质量规格按其性能和使用要求规定的主要指标。它包括产品分类、分组、命名、代号、品种（牌号）、规格、技术要求、检验方法、检验规则、产品包装、产品识别、运输、贮存、交货和验收等内容。在我国主要执行中华人民共和国强制性标准（GB）、推荐性国家标准（GB/T）、石油和石油化工行业标准（SH）和石化企业标准（Q/SH），涉外的按约定执行。目前中国石化总公司的石油化工产品标准将按 ISO 标准执行。我国石油产品标准和石油产品试验方法标准的主管机关是石油化工科学研究院。

2. 试验方法标准

石油产品的试验多为条件性试验方法，即试验需用特定仪器，按规定的条件进行。为方便使用和确保贸易往来中具有仲裁和鉴定时的法律约束力，为确保分析结果得以公认，必须制定一系列的分析试验方法标准。标准中包括：主要内容与适用范围、方法概要、仪器、试剂、试验条件、试验步骤、计算公式、精密度和报告等所做的技术规定。

现行的石油产品试验方法标准分为国际标准（ISO）、地区标准、国家标准（GB）、石化行业标准（SH）和中国石油天然气股份有限公司企业标准（Q/SY）等。我国油品分析标准中还有国家军用标准（GJB）。标准的代号、编号由标准代号、顺序号、年代号和尾注号四部分组成。例如，GB/T 260—1977（1988）《石油产品水分测定法》。

GB/T 260—1977 (1988)
重新确认年号
年代号(1977年批准或确认年号)
顺序号(国家推荐性标准编号第260号)
推荐性国家标准代号(无T为强制性国家标准)

石油产品试验方法标准化很重要，我国的一些试验方法正在向 ISO 靠拢。

四、石油产品分析数据处理

石油产品分析试验结果的可靠性常用精密度表示。精密度是用同一试验方法对同一试样测定所得两个或多个结果的一致性程度。在实际工作中，常用重复性和再现性表示不同情况下分析结果的精密度。

重复性是指用相同的方法对同一试样，在相同试验条件（操作者、仪器、实验室相同和短暂的间隔时间）下，获得的一系列测定结果之间的一致程度。

再现性是指用相同的方法对同一试样，在不同试验条件（操作者、仪器、实验室都不同）下，获得的单个测定结果之间的一致程度。

👉【知识拓展】

我国石油产品的质量和试验方法与国际先进水平已经接轨，表 1-1 是部分国家及国外先进标准化机构代码及名称。

表 1-1　部分国家及国外先进标准化机构代码及名称

标准代号	汉语译文	标准代号	汉语译文
ANSI	美国国家标准	EN	欧洲标准
API	美国石油学会	IP	(英国)石油学会
ASTM	美国材料与试验协会	ISO	国际标准化组织
BS	英国国家标准	ГOCT	俄罗斯国家标准
BSI	英国标准协会	JIS	日本工业标准

学习子情境一　编写分析室安全手册

学习目标

1. 了解分析检测工作环境，了解石化企业检验中心的工作任务；

2. 熟悉分析检测工作一般程序，认识主要分析仪器；

3. 掌握分析室安全知识；

4. 能通过视频资料、分析工岗位安全知识编写分析检测工作安全手册；

5. 培养学生吃苦耐劳的工作精神和认真负责的工作态度；

6. 培养学生安全保护和团队合作的工作意识。

情境描述

通过企业实际分析工作场景的视频录像，走进分析室，感受企业文化，循着老分析工的工作轨迹，认识常用油品分析仪器设备，认识油品分析试样的易燃易爆、有毒和腐蚀性质，保证分析过程的安全。为做好分析过程中的安全防护，为把安全时刻铭记于心，编写分析检测工作安全手册。

任务一 认识油品分析常用仪器设备

【任务实施及步骤】

（1）通过视频录像资料认识常用的油品分析仪器设备及用途。

（2）走进油品分析实训室，熟悉常用油品分析仪器设备。

【基础知识】

一、走近分析室

分析室是从事科学研究、理论联系实际、分析检测产品质量、培养良好工作习惯的重要场所。工业上天然资源的勘探，原料的选择，产品质量的检验，生产过程的控制，技术的革新和改进，都是在分析室完成的。在我国，几乎所有的工厂和科研机构均设有自己的分析室。走近分析室，感知和认识分析检测工作的性质和任务。

二、分析检测工作

1. 分析室工作程序

分析检测过程，通常包括采样、试样的预处理、分析方法的选择、干扰杂质的分离、分析测定、结果计算、填写分析记录单等重要步骤。

2. 分析室工作要求

（1）准备 分析前的准备工作主要包括以下几个方面。

① 接受任务，认真分析任务单，查阅操作规程书，明确工作原理及操作方法。

② 设计完成任务的具体方案，写好分析提纲和记录表格，安排好分析程序。

③ 进入分析室以后，应首先检查本次分析所需用的仪器和试剂，布置好分析台面。

（2）操作 每一个分析者在分析过程中严格按照操作规程实施分析检测工作，并自觉地养成实事求是的工作作风和准确、细致、整洁的工作习惯。

（3）结束

① 分析结束后，应及时清洗使用过的仪器〈特别是磨口仪器〉，盛放有毒试剂的试剂瓶，应先消毒后清洗，清洗干净的仪器应放回原处。

② 清扫分析台面、地面、水槽。对分析室"三废"的处理原则是不腐蚀、不堵塞下水管，不影响环境保护、不造成火灾爆炸事故。离开分析室前，检查电插头或闸刀是否拉开，水龙头或煤气开关是否关紧。

③ 及时送交分析记录单。

任务二 编写分析检测工作安全手册

【任务实施及步骤】

（1）查阅"石油产品分析与检测"教学资源库《分析岗位安全知识必会题库》。

（2）收集分析室安全规则，收集与油品分析过程所需样品、试剂的性质相关的资料。

（3）以小组为单位，发挥团队合作精神，集思广益，共同确定《分析检测工作安全手册》内容。

（4）每组宣讲自编的《分析检测工作安全手册》。

（5）学生之间互相点评，教师作出综合评价。

【基础知识】

油品分析室的样品多属于易燃、易爆、腐蚀性强和有毒的物品，在分析过程中，分析人员直接接触样品，所以，掌握必要的安全知识和技能，减少、消除不安全行为，切实保证分析测定过程的安全是重要的。

一、安全常识

① 实验室禁止进食。

② 配制稀硫酸时，必须在烧杯和锥形瓶等耐热容器内进行，并必须缓慢将浓硫酸加入水中，配制王水时，应将硝酸缓慢注入盐酸，同时用玻璃棒不断搅拌，不准用相反次序操作。

③ 一切试剂瓶都要有标签，不准使用过期、无标志或标志不清的试剂或溶液。有毒药品要在标签上注明。

④ 高温物体要放于不能起火的地方。

⑤ 一切发生有毒气体的操作，需于通风柜内进行。同时应尽量站在上风口。

⑥ 进行有毒物质的试验时，必须穿工作服、戴口罩或面罩、手套。

⑦ 身上或手上沾有易燃物时，应立即洗干净，不得靠近明火。

⑧ 易发生爆炸的操作，不得对着人进行。必要时应戴好防护眼镜或设置防护挡板。

⑨ 在蒸馏分析前首先要检查玻璃容器是否有裂痕。

⑩ 相互发生反应的危险化学品不能同贮或混贮。

⑪ 不得将酸碱及氧化性物质与油品混合存放。

⑫ 油品加热后要冷却到规定温度再倒入废油中。

⑬ 如强酸溅到眼睛内或触到皮肤上，应立即用大量清水冲洗，再用0.5%的碳酸氢钠液清洗。如果是强碱溅到眼睛或皮肤上，则除用大量的清水冲洗外，再用2%的稀硼酸溶液清洗眼睛，或用1%醋酸清洗皮肤。经过上述紧急处理后，应立即送医院治疗。

二、使用电气设备安全规则

① 在使用电气设备时，预先仔细检查其绝缘情况，发现有损坏的地方，应及时修理，不要勉强使用。

② 事先检查开关、电机以及机械设备，确认各部分是否安置妥当以及使用的电源电压。

③ 开始工作或停止工作时，必须将开关扣严和拉下。

④ 电气开关箱内及下面，不准放任何物品。

⑤ 凡电器动力设备超过允许温度时，应立即停止运转。

⑥ 严禁用湿手分、合开关或接触电气设备，人不能在潮湿的地方使用电器，也不允许把电器、导线置于潮湿的地方。

⑦ 各种电气设备的绝缘要好，并且必须有接地线的安全措施。

⑧ 电气设备发生火灾，应首先切断电源，并立即扑灭火灾，在电源未切断之前可用干沙、四氯化碳和二氧化碳灭火器等不导电的灭火工具灭火，不能用水和泡沫灭火器等导

电物。

⑨ 严禁用导电器具去洗扫电器和用湿布擦洗电器。

三、使用易燃品安全规则

① 倾注或使用易燃物质时附近不能有明火。

② 在试验室内存放各种可燃性物质总量不许超过 3kg，每种不得超过 1kg。随用随取，用后送回专门的贮放地点。

③ 当加热、蒸馏及其他用火有关的工作时，要有专人负责管理，不许随便离开。用完后即关掉热源。

④ 一旦发生失火事故，首先应撤除一切热源，关闭煤气和电闸，然后用沙子或石棉布盖住失火地点或用四氯化碳等灭火机灭火。除酒精外，化学物品失火，不许用水灭火。

【训练考核】

（1）编写分析检测工作安全手册。

（2）完成此学习情境部分习题。

【考核评价】

要求：内容全面、正确、具体，密切联系实际。

学习子情境二　石油产品取样

学习目标

1. 掌握石油产品试样类型、采集标准和原则；

2. 掌握石油产品采样方法；

3. 培养良好的职业道德和正确的思维方式。

情境描述

某石化公司调度室安排对催化裂化装置汽油、罐区 102 储罐内柴油、出厂前桶装车用汽油进行质量检测，请依据 GB/T 4756《石油液体手工取样法》和 SH/T 0635《液体石油产品采样法（半自动法）》，采取生产线装置馏出口样品、采取罐区 302 储罐内样品、采取出厂前桶装样品。

任务一　采取生产线装置馏出口样品

【任务实施及步骤】

（1）研读 GB/T 4756《石油液体手工取样法》和 SH/T 0635《液体石油产品采样法（半自动法）》操作规程。

（2）认识液体样品管线取样器，如图 1-1 所示，认识试样容器（用于贮存和运送试样的接受器，有合适的帽、塞子、盖或阀；容量通常在 0.25～5L）。

（3）观看管线取样器操作视频资料。

（4）管线取样器的操作方法。

（5）图 1-1 所示的取样器是伸到管线内的管线取样器。取样点应在管线的冲洗段或泵的输出侧。如果没有冲洗段，取样器应水平安装在管线的垂直段，且靠近泵的出口。

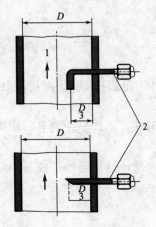

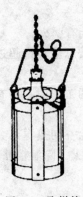

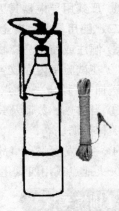

图 1-1　管线取样器示意图　　　　　　图 1-2　取样笼　　　　　　　图 1-3　取样壶
1—流体方向；2—带阀的取样管线
（与输出管相连，再与试样容器相接通）

任务二　采取罐区储罐内样品

【任务实施及步骤】

（1）研读 GB/T 4756《石油液体手工取样法》和 SH/T 0635《液体石油产品采样法（半自动法）》操作规程。

（2）认识液体样品油罐取样器——取样笼，如图 1-2 所示；取样壶，如图 1-3 所示。

（3）观看油罐取样器操作视频资料。

（4）油罐取样器的操作方法。

① 上、下罐时必须一手拿采样工具，一手扶着扶手，防止滑倒。且需携带采样瓶、废液回收瓶、采样壶。

② 在取样前取样者应接触取样口至少 1m 远的油罐上的某个导电部件。在离采样口至少 1m，将采样壶连接的采样绳后的夹子夹在罐体金属裸露部位。

③ 采取少量样品对采样壶、瓶进行涮洗，并将涮洗后的废样倒入所带的废液回收瓶内。

④ 在一定深度的液层采样时，盖紧瓶塞，降落采样壶，用连接采样壶的防静电的绳子判断深度，当采样器沉入液面以下要求深度时，稍用力向上提起牵着瓶塞的绳子，拔出瓶塞，液体物料即进入采样瓶内。待瓶内空气被驱尽后，即停止冒出气泡时，将采样器提离液面即可。

⑤ 采取全液层试样时，先向上提起瓶塞，再将采样器由液面匀速地沉入液体物料底部，如果采样器刚沉到底部时，气泡停止冒出，说明放下长绳的速度适当，已均匀地采得全液层试样，提出采样器，即完成采样。

任务三　采取出厂前桶装样品

【任务实施及步骤】

（1）研读 GB/T 4756《石油液体手工取样法》和 SH/T 0635《液体石油产品采样法

（半自动法）》操作规程。

（2）认识桶装或听装液体样品取样器，如图1-4所示。

（3）练习桶或听装样品取样器的操作方法。

（4）放开取样管上端，插入油品中，插入速度要使管内液面同外面液面大致相同，取得油品全部深度试样。用拇指按住上端，迅速提出管子，把油品转入试样容器中。

图1-4　取样管
（由金属、玻璃或塑料制成的管子）

【基础知识】

一、石油产品样品类型

样品是指向给定试验方法提供所需要产品的代表性部分。一般有如下类型。

1. 用以测定平均性质的试样

（1）上部样　在油品顶液面下深度1/6处采取的试样。

（2）中部样　在油品顶液面下深度1/2处采取的试样。

（3）下部样　在油品顶液面下深度5/6处采取的试样。

（4）代表性试样　物理、物理化学特性与取样总体的平均特性相同的试样。通常用按规定从同一容器各部位或几个容器中所采取的混合试样来代表该批石油产品质量，测定油品平均性质。从油罐内规定位置或在泵送操作期间按规定时间从管线中采取的试样。

（5）组合样　按规定比例合并若干个点样，用以代表整个油品性质的试样。

（6）间歇样　由在泵送操作的整个期间内取得的一系列试样合并而成的管线样。

2. 用以测定某一点性质的试样

（1）点样　从油罐中规定位置采取的试样，或在泵送期间按规定的时间从管线中采取的试样。它只代表某段时间或局部的性质。

（2）顶部样　在油品顶液面150mm处采样的试样。

（3）底部样　从油罐或容器底部或从管线最低点处油品中采取的试样。

（4）出口液面样　从油罐内抽出油品的最低液面处取得的试样。

（5）排放样　从排放活拴或排放阀门采取的试样。

（6）罐侧样　从适当的罐侧取样线采取的试样。

（7）表面样　从罐内顶液面处采取的试样。

二、采样

采样就是从批量的物料中采取少量能代表物料特性的样品的操作过程。

1. 采样标准和原则

（1）采样标准　采样是石油产品分析与检测的关键步骤。采样一定严格执行采样标准：GB/T 4756《石油液体手工取样法》和SH/T 0635《液体石油产品采样法（半自动法）》。

（2）取样原则及要求

① 取样基本原则：用于试验的样品必须对被取样油品具有充分的代表性。

② 取样基本要求：油罐内液体在静止状态时才能取样；容器内油品均匀时，取上、中、下或上、中、出口三个液面的样品等比例合并；油品不均匀时要在多于三个以上的液面取样制备用于分析的组合样；管线输送的均相油品的代表性试样，由等量合并若干个等时间间隔试样而得到。而且应使用自动取样装置从管线中泵送的油品中采取样品。

2. 取样注意事项

① 试样装入容器要留有足够空间（10%），以便摇动和防止油受热溢出。

② 取样后应及时贴上标签，写明试样名称、牌号、采样地点、采样日期、采样人以及试样编号，并注意密封贮存。要保留的样品，容器瓶用塑料布将瓶塞、瓶颈包裹好，然后用细绳捆扎并铅封。试样在整个保存期间应保持铅封完整无损。

③ 采取易挥发和有毒样品时，应站着上风口，并戴防护口罩，以防止吸入油气引起中毒。

3. 油罐取样

（1）立式油罐取样　采取单个油罐用于检验油品质量的组合样时，按等比例合并上部样、中部样和出口液面样；采取单个油罐用于检验油品数量的组合样时，按等比例合并上部样、中部样和下部样。采取顶部样时，应小心降落打开塞子的取样器，直到器颈恰好在液体表面上。然后把取样器迅速降到液面下 150mm 处，待取样器充满油后，提出取样器。

（2）罐侧取样　罐侧取样器是一个带有活栓的取样管，管子一端从罐侧插到油罐内。在一个油罐上至少应装配二套取样活栓，并伸进罐内至少 150mm。取样前，用要取的样品冲洗取样管路，之后将试样放入试样容器中。

（3）卧式油罐取样　在油罐容积不大于 60m³ 或大于 60m³ 而油品深度不足 2m 时，可在油品深度 1/2 处采取一份试样，作为代表性试样。

如果油罐容积大于 60m³，应在油品体积 1/6、1/2 和 5/6 液面处各采取一份试样，合并后作为代表性试样。

（4）底部取样　降落底部取样器使它直立于罐底，当气泡停止升到表面时，提出取样器。转移前要充分摇动但不飞溅，然后将取样器内所有试样，包括可能附在器壁上的任何水或固体都转移进试样容器。

4. 油船取样

每个舱室都要采取上、中、下三个试样；并以等体积合并成该仓的组合样。

5. 油罐车取样

把取样器降到罐内油品深度的 1/2 处，以急速动作拉动绳子，打开取样器塞子，待取样器内充满油后，提出取样器。对于整列装有相同石油或液体石油产品的油罐车，也可按 GB/T 4756—1998 中规定的方法进行随机抽查取样，但必须包括首车。

6. 桶或听取样

用拇指封闭清洁干燥的取样管上端，把管子插进油品中约 300mm 深，移开拇指，让油品进入取样管，再用拇指封闭上端，抽出管子，水平润洗内表面。取样操作期间不可用手抚摸管子取样部分。

（1）从听或桶中采取代表性试样　放开取样管上端，插入油品中，插入速度要使管内液面同外面液面大致相同，取得油品全部深度试样。用拇指按住上端，迅速提出管子，把油品转入试样容器中。

（2）底部样　用拇指按住取样管上端，插入油品中，当管子达到底部时，放开拇指，让管子充满。用拇指按住上端，迅速取出管子，把油品转入试样容器中。

7. 管线取样

采取管线流量比例样前，先放出一些油品，把全部取样设备冲洗干净，取样时，按标准规定从取样口采取试样，并将所取试样等体积掺和成一份组合样。

8. 油罐残渣和沉淀物取样

残渣或沉淀物厚度不同，取样方法不同。厚度不大于 50mm 时，使用沉淀抓取器；厚度大于 50mm 的软残渣可使用重力管取样器，硬残渣则用撞锤管取样器或其他合适的工具。

9. 非均匀石油或液体石油产品的取样

最好用自动管线取样器取样。如果用手工取样法，则应先从上部、中部和出口液面处采取试样，送到实验室并用标准方法分别试验它们的密度和水含量，当试验结果之差值在规定范围内时（参见 GB/T 4756－1998），试样可视为具有代表性；否则要从罐的出口液面开始向上以每米间隔采取试样，并分别进行试验，用这些试验结果去确定罐内油品的性质和数量。

三、样品处理

样品处理是指在样品取出点到分析点或贮存点之间对样品的均化、转移等过程。样品处理要保证保持样品的性质和完整性。含有挥发性物质的油样应用初始样品容器直接送到试验室，不能随意转移到其他容器中，如必须就地转移，则要冷却和倒置样品容器；具有潜在蜡沉淀的液体在均化、转移过程中要保持一定的温度，防止出现沉淀；含有水或沉淀物的不均匀样品在转移或试验前一定要均化处理。

【知识拓展】

气体采样器的操作方法

① 采样时要动作轻缓地使用防爆工具将采样器、连接管与装置管线严密连接。

② 打开装置采样阀，打开采样器入口阀与出口阀按技术要求以装置样品反复置换不少于 3 次。

③ 关闭出口阀进行采样，当达到额定取样量后关闭入口阀和装置采样阀。

排放采样器内多余部分样品，使其达到其容积的 70%～85%，并将其浸入水浴中检查是否泄漏。

【训练考核】

（1）用采样壶采取全液层试样、用取样管采取桶中试样。
（2）完成此学习情境部分习题。

【考核评价】

按照表 1-2 对油品取样操作进行考核。

表 1-2　油品取样操作考核

训练项目	考核要点	分值	考核标准	得分
口述采样方法	口述采样安全注意事项	20	表述清楚、准确	
	口述试样分类	10	表述清楚、准确	
采样过程	口述采样器操作过程	20	表述清楚、准确	
	采样器的使用方法	20	采样壶的操作要领,采样壶采样时各附属配件的应用	
		20	取样管的操作要领	
存样	存样注意事项	10	贴上标签,写明试样名称、牌号、采样地点、采样日期、采样人以及试样编号,保留样品的容器瓶用塑料布将瓶塞瓶颈包裹好,然后用细绳捆扎并铅封	

石油产品试验用试剂溶液的配制

学习子情境一 容量分析仪器的使用

学习目标

1. 了解容量分析仪器的性能、规格、选用原则和洗涤方法；

2. 能正确操作容量瓶（固体样品的溶解转移和定容、液体样品的稀释定容）、滴定管（润洗、装液、排气泡、调零和读数）、移液管和吸量管（润洗、移取、调整液面、放出溶液）；

3. 掌握电子天平的操作方法并能准确称量样品质量；

4. 培养学生主动参与、积极进取、探究科学的学习态度和思想意识。

情境描述

某石化公司质检部分析室标液岗，要配制进行油品分析时所需的标准溶液，为保证所配制的标准溶液符合标准规定要求，必须熟练掌握容量分析仪器的使用方法，正确操作容量瓶、移液管、滴定管、电子天平。

任务一 容量瓶的使用

【任务实施及步骤】

（1）在分析实训室，认识容量瓶。

（2）检查容量瓶（容量瓶是否破损，磨口瓶塞是否配套不漏水）。

（3）洗涤容量瓶。

（4）移液，如图 2-1 所示。

（5）初步摇匀（加水至总体积的 2/3 左右时，水平转动摇匀）。

图 2-1 移液　　　　　　图 2-2 容量瓶的使用（试漏、混匀溶液）

（6）定容（注水至刻度线下 1～2cm 处，放置 0.5～1min，使附于瓶颈内壁的水流下，用滴管滴加蒸馏水至弯月面最低点和刻度线上缘相切；容量瓶要垂直，视线要水平）。

（7）混匀溶液（塞紧瓶塞，颠倒摇动容量瓶，重复操作 15～20 次，并提起瓶塞数次放空）如图 2-2 所示。

（8）完毕后洗净容量瓶，在瓶口和瓶塞间夹一纸片。

【基础知识】

一、玻璃器皿的洗刷和干燥

1. 玻璃器皿的洗刷

烧杯、量筒、锥形瓶、量杯等，用毛刷蘸去污粉或合成洗涤剂刷洗，然后用自来水洗净，最后用蒸馏水润洗 3 次。

滴定管、移液管、吸量管、容量瓶等，有精确刻度的量器，用 0.2%～0.5% 的合成洗涤液或铬酸洗液浸泡几分钟（铬酸洗液收回），再用自来水洗净，最后用蒸馏水润洗 3 次。

要求：内外壁被水均匀润湿而不挂水珠。

2. 玻璃仪器的干燥

可以采用空气晾干，又叫风干。也可以将仪器外壁擦干后用小火均匀烘烤，此法适用于试管、烧杯、蒸发皿等仪器的干燥。但不能用于精密度高的容量仪器的烘干。

二、容量瓶的使用

1. 容量瓶

容量瓶是细颈梨形平底玻璃瓶，有 10mL、25mL、50mL、100mL、250mL、500mL 和 1000mL 等规格。由无色或棕色玻璃制成，带有磨口玻璃塞或塑料塞，颈上有一标线。主要用途是配制准确浓度的溶液或定量地稀释溶液。

2. 容量瓶试漏

加自来水近标线处，盖好瓶塞后，用左手食指按住塞子，其余手指拿住瓶颈标线以上部分，右手用指尖托住瓶底，如图 2-2 所示，将瓶倒立 15s，将瓶直立，瓶塞转动 180°，再倒立 15s 检查，可用滤纸片检查，若不漏水，则可使用。

3. 移液和定容

转移溶液时，见图 2-1。右手拿玻璃棒，左手拿烧杯，使烧杯嘴紧靠玻璃棒，而玻璃棒则悬空伸入容量瓶口中，棒的下端靠在瓶颈内壁上，使溶液沿玻璃棒和内壁流入容量瓶中。溶解固体的烧杯和移液用玻璃棒用洗瓶以少量蒸馏水吹洗最少 3 次，并全部转入容量瓶中。然后加水至容量瓶的总容积 2/3～3/4 时，拿起容量瓶，按同一方向平摇，不可倒转摇动，使溶液初步混匀，最后继续加水至距离标线 1.0～2.0cm 处，等待 0.5～1min 后，用滴管滴加蒸馏水至标线处。盖上干的瓶塞，用左手食指按住塞子，其余手指拿住瓶颈标线以上部分，右手用指尖托住瓶底，如图 2-2 所示。将瓶倒转并摇动，再倒转过来，使气泡上升到顶，如此反复多次，使溶液充分混合均匀。

4. 容量瓶使用注意事项

① 热溶液应冷却至室温后，才能稀释至标线，否则可造成体积误差。

② 需避光的溶液应以棕色容量瓶配制。

③ 容量瓶不宜长期存放溶液。

④ 塞子是配套的，不能互换，需用橡皮筋将塞子系在瓶颈上，防止磨口塞被沾污或搞混。

⑤ 容量瓶如长期不用，磨口处应洗净擦干，并用纸片将磨口隔开。

⑥ 容量瓶和移液管等具有刻度的精确玻璃量器，不能放在烘箱中烘干，更不能用火加热烘干。

【训练考核】

溶解氯化钠，转移入 100mL 的容量瓶中，稀释并定容？

【考核评价】

按照表 2-1 考核容量瓶操作。

表 2-1　容量瓶操作考核

训练项目	考核要点	分值	考核标准	得分
容量瓶的操作	检查	5	检查容量瓶口及瓶身是否破损	
		5	磨口瓶塞配套不漏水。将瓶倒立 15s，将瓶直立，瓶塞转动 180°，再倒立试一次	
	洗涤	10	自来水洗净，再用蒸馏水润洗 2～3 次。若比较脏时，铬酸洗液浸泡几分钟(铬酸洗液收回)再用自来水洗净，最后用蒸馏水润洗 3 次	
	移液	10	固体物质的溶解	
		15	用玻璃棒转移溶液(玻璃棒插入容量瓶，烧杯嘴紧靠玻璃棒，溶液沿玻璃棒慢慢流入)	
		5	烧杯嘴上的液滴要流回烧杯。	
		10	用适量蒸馏水洗涤烧杯和玻璃棒 3～4 次，全部转入容量瓶	
	初步摇匀	5	加水至总体积 3/4 时，不要盖塞，同一方向平摇几次	
	定容	10	注水至刻度线下 1～2cm 处，放置 0.5～1min，用滴管加蒸馏水，至弯月面最低点和刻度线上缘相切	
	混匀溶液	10	塞紧瓶塞，颠倒摇动容量瓶，提起瓶塞数次放空	
	试验后的整理	5	将溶液注入试剂瓶，贴标签	
		5	洗净容量瓶，在瓶口和瓶塞间夹一纸片	
		5	清理试验台，仪器、药品摆放整齐	

任务二　移液管和吸量管的使用

【任务实施及步骤】

(1) 在分析实训室，认识移液管和吸量管，如图 2-3 所示。

(2) 检查移液管的质量（管口是否平整、流液口应无破损）。

(3) 洗涤移液管。

(4) 吸液，如图 2-4 所示。

(5) 调节液面，如图 2-5 所示。

(6) 放出溶液，如图 2-6 所示。

(7) 洗净移液管。

(8) 学生之间互相切磋进行操作练习，掌握操作要领。

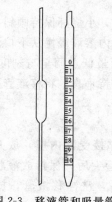

图 2-3　移液管和吸量管　　　　　　图 2-4　移液管吸液操作

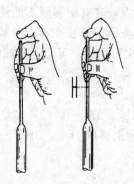

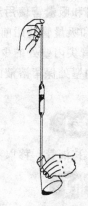

图 2-5　调节移液管液面　　　　　　图 2-6　移液管放液操作

【基础知识】

一、移液管和吸量管

移液管和吸量管都是用于准确移取一定体积溶液的量出式玻璃量器。

移液管是一根细长而中间膨大上端有一环形标线的玻璃管，如图 2-3 所示。吸量管是具有分刻度的玻璃管，如图 2-3 所示。常用的移液管和吸量管有 1mL、2mL、5mL、10mL、25mL 和 50mL 等规格。

二、移取溶液

将待吸溶液摇匀，倒入一干净烧杯中，用滤纸将清洗过的移液管尖端内外的水吸尽，然后插入烧杯中吸取待吸溶液。吸取溶液的方法如下：右手持移液管或吸量管上端合适位置，食指靠近管上口，左手将吸耳球握在掌中，尖口向下，排出球内空气，将吸耳球尖口插入移液管（吸量管）上口，如图 2-4 所示，注意不能漏气。慢慢松开捏紧的洗耳球，将溶液慢慢吸入管内，当吸至移液管容量的 1/3 时，立即用右手食指按住管口，取出，横持并转动移液管，使溶液流遍全管内壁，将溶液从下端尖口处排入废液杯内。润洗 3 次后，即可移取溶液。移取溶液的方法如下：将移液管插入待吸溶液液面下 1～2cm，如图 2-4 所示，直至刻度线以上 1～2cm，移开吸耳球，迅速用右手食指堵住管口（此时若溶液下落至标线以下，应重新吸取），将移液管提出待吸液面，用滤纸擦干移液管或吸量管下端黏附的少量溶液（在移动移液管或吸量管时，应将移液管或吸量管保持垂直）。

三、调节液面

取一干燥、洁净小烧杯，将移液管管尖紧靠小烧杯内壁，小烧杯保持倾斜，使移液管保持垂直，刻度线和视线保持水平，稍稍松动右手食指，使管内溶液慢慢从下口流出，液面将至刻度线时，按紧右手食指，停顿片刻，再按上法将弯月面最低点调至与刻度线上缘相切，立即用食指压紧管口。注意：观察视线应水平，移液管要保持垂直。将移液管或吸量管小心移至接收器中。

四、放出溶液

将移液管或吸量管直立，接受器倾斜45°，管下端紧靠接受器内壁，放开食指，让溶液沿接受器内壁自然流下，如图2-6所示。管内溶液降到管尖后，保持放液状态停留15s，将管尖在靠点处靠壁左右转动，移走移液管。试验完毕后，洗净移液管，放置在移液管架上。

五、移液管和吸量管使用注意事项

① 移液管和吸量管使用前，检查其管口和尖嘴有无破损，若有破损则不能使用。

② 残留在管尖内壁处的少量溶液，不可用外力强使其流出，因校准移液管或吸量管时，已考虑了尖端内壁处保留溶液的体积。除在管身上标有"吹"字的，可用吸耳球吹出，不允许保留。

【训练考核】

使用10mL移液管，移取蒸馏水。使用10mL吸量管分别移取1mL、2mL、5mL液体。

【考核评价】

按照表2-2考核移液管和吸量管的操作。

表2-2　移液管和吸量管的操作考核

训练项目	考核要点	分值	考核标准	得分
移液管和吸量管的操作	检查	5	管口平整、流液口无破损	
	洗涤	10	较脏用铬酸洗液洗涤,把管横过来稍有倾斜,使洗液充满全管,再直立将吸液放回原瓶	
		5	用自来水充分冲洗,再用蒸馏水润洗2~3次,壁不挂水珠	
		5	用待吸液润洗2~3次,吸液不能流回试剂瓶	
	吸液	15	吸量管应插入液面下2cm处,浅了易吸空,深了沾附溶液较多,吸液至刻线上方,用滤纸吸去外壁溶液	
	调节液面	15	移液管管尖紧靠一干净烧杯内壁,烧杯保持倾斜,移液管保持垂直	
		10	刻度线和视线保持水平,使管内溶液慢慢从下口流出,至弯月面最低点调至与刻度线上缘相切	
	放出溶液	15	移液管移至锥形瓶中,尖端靠壁,移液管垂直,锥形瓶成45°倾斜,松开食指,溶液沿壁流入锥形瓶中	
		10	溶液流尽后再停15s,不能用洗耳球将残液吹入锥形瓶	
	试验后的整理	5	洗净移液管,放回移液管架	
		5	清理试验台	

任务三　滴定管的使用

【任务实施及步骤】

（1）认识滴定管，区别碱式滴定管和酸式滴定管，如图 2-7、图 2-8 所示。

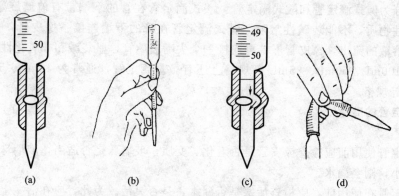

图 2-7　碱式滴定管的结构（a）、滴定操作方法（手要放在玻璃球的
稍上部挤压）（b）、溶液的流出（c）、排气泡（d）

（2）检查滴定管。

（3）涂油，试漏，如图 2-8 所示。

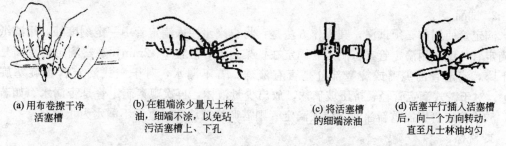

(a) 用布卷擦干净
活塞槽

(b) 在粗端涂少量凡士林
油，细端不涂，以免玷
污活塞槽上、下孔

(c) 将活塞槽
的细端涂油

(d) 活塞平行插入活塞槽
后，向一个方向转动，
直至凡士林油均匀

图 2-8　酸式滴定管涂凡士林油（抹好油的活塞应该是透明的、转动灵活的）

（4）洗涤，待装液润洗。

（5）装溶液，排气泡，调零，如图 2-7。

（6）滴定速度的控制（见滴成线，逐滴加入，半滴），如图 2-7、图 2-9 所示。

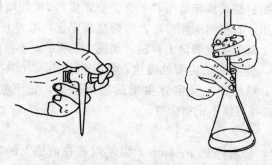

图 2-9　酸式滴定管的滴定操作方法（勿顶活塞，防漏液，用手腕摇动锥形瓶）

（7）读数。

（8）完毕后洗净，倒夹在滴定台上，或充满蒸馏水夹在滴定台上。

【基础知识】

一、碱式滴定管、酸式滴定管

滴定管分为碱式滴定管和酸式滴定管。酸式滴定管在管的下端带有玻璃旋塞，盛装酸、中性、氧化性物质，不能装碱性溶液。碱式滴定管在管的下端连接一橡皮管，内放一玻璃珠，以控制溶液的流出，橡皮管下端再连接一个尖嘴玻璃管，盛装碱和非氧化性物质。常用的滴定管为 100mL、50mL、25mL 等规格。还有微量滴定管，通常为 10mL、5mL、3mL、2mL、1mL 等规格。

二、滴定管的准备

1. 检查

碱式滴定管使用前应检查橡皮管是否老化、变质；玻璃珠是否适当，玻璃珠过大，则不便操作，过小，则会漏水。

酸式滴定管在使用前，应检查活塞是否漏水，是否灵活。为此，应在活塞上涂一层很薄的凡士林油。涂油的方法是：先取下活塞，洗净后用滤纸或布将水吸干，如果塞孔内有旧油垢堵塞，可用细金属丝轻轻挑去，如果管尖被油脂堵住，可先用水充满全管，然后将管尖置于热水中，使其熔化，突然打开活塞将其冲走。然后在活塞的两头涂一层很薄的凡士林油（切勿将油涂在旋塞孔上）。装上活塞顺着一个方向转动，使活塞与塞槽接触处呈透明状态，最后装水试验是否漏液。

2. 试漏

滴定管使用前必须试漏，其操作方法是：将自来水注入滴定管中一定刻度处，用滤纸擦干滴定管外壁，用滴定管夹将滴定管固定在铁架台上，静置 1～2min，观察滴定管液面是否有下降，滴定管的尖嘴或旋塞部分是否有液珠。若不漏水，对于酸式滴定管将旋塞旋转 180°，对于碱式滴定管轻轻挤压玻璃珠，放出少量液体，再次观察滴定管是否漏水。如若漏水，酸式滴定管则需重新涂油，碱式滴定管则需调换玻璃珠。直至不漏水为止。

3. 洗涤

用洗液洗净的滴定管，用自来水冲洗 2～3 次，内壁不挂水珠，再用蒸馏水淋洗 2～3 次，为避免滴定剂被管内残留的水稀释，在装入滴定液之前再用滴定液润洗 2～3 次（每次约 10mL），从滴定管下管口放出。

三、装滴定剂、排气泡

将待装入的滴定剂摇匀，直接倒入滴定管中，装满溶液后，如下端有气泡或有未充满部分，应及时除去。方法是：酸式滴定管用右手拿住使之成约 30° 的倾斜，左手打开活塞使溶液急速流出以把气泡赶出。若气泡未能排除，可握住滴定管，用力上下抖动滴定管。若是碱式滴定管，则将玻璃珠上部的橡皮管向上弯曲，如图 2-7 所示。手指放在玻璃珠稍上一些的地方，用力捏压玻璃珠，使溶液从尖嘴处喷出，把气泡赶出。气泡排除后，将液面调整在 0.00mL 或刻度线以下，把悬挂在滴定管尖端的液滴除去，记下初读数。一般是调整在 0.00mL 处比较方便，这样可以不记初读数。

四、滴定管读数

装入或放出溶液后，必须等 0.5～1min，以使附着在内壁上的溶液流下来，再进行读数。读数时用手拿住滴定管上部无刻度处，并保持滴定管垂直。对于无色或浅色溶液，应读溶液弯月面下沿；对于深色溶液，应读弯月面上沿。若为白底蓝线衬背滴定管，应当取蓝线上下两尖端相对点的位置读数。如图 2-10(b) 所示。另还可用黑色读数卡协助读数。如图 2-10(c) 所示。正确的读数方法是：眼睛视线应与管中液面的弯月面上沿（或下沿）处于同一水平面上。如图 2-10(a) 所示。滴定前和滴定到终点时，各读取一个数，分别称初读数和终读数，读数都必须准确至 0.01mL，所读数据都必须有两位小数。终读数和初读数之差就是滴定剂的用量。

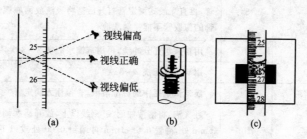

图 2-10　弯月面正确读数

五、滴定操作

滴定操作通常在锥形瓶内进行。滴定时，用右手拇指、食指和中指拿住锥形瓶，其余两指辅助在下侧，使瓶底离滴定台高 2～3cm，滴定管下端伸入瓶口内约 1cm，左手握滴定管，边滴加溶液，边用右手摇动锥形瓶，使滴下去的溶液尽快混匀。摇瓶时，应微动腕关节，使溶液向同一方向旋转。如图 2-9 所示。滴定时，时刻观察锥形瓶中溶液颜色的变化。滴定过程中，要正确控制滴定速度，开始滴定时，速度可以快些，但应该"见滴成线"。临近终点时，应一滴一滴加入，最后使用半滴加入。半滴溶液的加入方法是：轻轻转动活塞或捏挤胶管，使溶液悬挂在出口管尖嘴上，形成半滴，用锥形瓶内壁将其沾落，再用洗瓶吹洗锥形瓶内壁。冲洗的蒸馏水次数一般为 1～2 次，否则，可能会因为溶液被稀释，导致终点颜色变化不敏锐。

六、使用滴定管注意事项

① 使用碱式滴定管，不能按玻璃珠以下部位，应挤压玻璃珠偏上部位，否则放开手时易形成气泡。

② 使用碱式滴定管，加入半滴时，拇指和食指捏住玻璃珠所在部位，稍用力向右挤压胶管，使溶液慢慢流出，形成半滴，立即松开拇指和食指，再将半滴靠下，否则尖嘴玻璃管内会产生气泡。

③ 使用酸式滴定管，勿顶活塞，防止漏液，并用手腕摇动锥形瓶，不可前后晃动，避免溶液溅出。

④ 滴定结束后，要用自来水和蒸馏水清洗滴定管，洗净后的滴定管倒夹在滴定管架上备用。

【训练考核】

用 0.1mol/L 的氢氧化钠标准溶液测定未知浓度的盐酸溶液的浓度。

【考核评价】

按表 2-3 考核滴定管的操作。

表 2-3 滴定管的操作考核表

训练项目	考核要点	分值	考核标准	得分
滴定管的操作	检查	5	有无气泡,试漏,活塞是否润滑,玻璃珠大小是否合适,酸式滴定管漏液需涂油	
	酸式滴定管的涂油	10	在粗端涂少量凡士林油,细端不涂,活塞平行插入活塞槽后,向一个方向转动,直至凡士林油均匀	
	洗涤	5	较脏用铬酸洗液洗涤,稍向瓶口倾斜平拿使洗液布满全管,再直立酸式滴定管打开活塞将吸液放回原瓶。碱式滴定管的橡胶管不能接触洗液	
		3	用自来水充分冲洗,再用蒸馏水润洗 2~3 次,壁不挂水珠	
		2	用滴定液润洗 2~3 次	
	装入标准溶液	5	摇匀试剂瓶中的标准溶液,直接注入滴定管	
	调节液面	10	赶气泡,将溶液加到"0"刻线以上,放开活塞调到刻线上约 5mm 处,静置 0.5~1min 再调到 0.00 处或以下,即为初读数。滴定管口残液用烧杯靠除	
	滴定	20	滴定管尖在锥形瓶下 1~2cm 处,滴定的动作是否规范,边滴边摇,滴定速度控制是否正确(见滴成线,滴加,半滴操作),视线不离锥形瓶	
	终点的判断	5	终点掌握准确,一滴或半滴变色	
	读数	5	0.5~1min 后读数,读数时滴定管垂直向下;视线应与刻线保持水平	
	记录	2	读数后即记录	
		3	试验报告单字迹工整,无涂改	
	精密度	15	平行误差不高于 0.3%	
	试验后的整理	5	洗净滴定管,倒夹在滴定管架上	
		5	清理试验台	

任务四 电子天平的使用

【任务实施及步骤】

（1）选择天平放置的环境（天平应放在无振动、无气流、无热辐射、无腐蚀性气体的环境中）。

（2）认识电子天平及各部件，并按顺序组装，如图 2-11 所示。

（3）认识称量瓶和干燥器并熟练使用，如图 2-12~图 2-14 所示。

（4）接通电源，预热 30min。

（5）打开开关 ON，使显示器亮，并显示称量模式 0.0000g。

（6）将称量物放入盘中央，待读数稳定后，该数字即为待称物体的质量（称量时，关闭天平门，天平

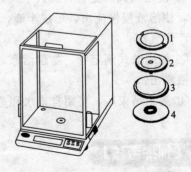

图 2-11 电子天平外形及各部件
1—秤盘;2—盘托;3—防风环;4—防尘隔板
用软毛刷清洁天平后，依次将防尘隔板、防风环、盘托、秤盘放上，连接电源，称量前，需预热 30min 才能正式称量

归零，将称量瓶放在秤盘中心，关闭天平门，读数）。

（7）记录。

图 2-12　减量法称样时，　　　图 2-13　从称量瓶中倒出试样　　　图 2-14　干燥器的
　　称量瓶的拿法（或手戴　　　　　的操作方法（试样不可外撒）　　　　启盖操作方法
　　细纱手套直接持拿）

【基础知识】

一、试样的称量方法

1. 直接称量法

直接称取被称物质的质量。先称准烧杯、瓷坩埚等容器的质量，再把试样放入容器中称量，两次称量之差即为试样质量。

2. 减量称量法

首先称取装有试样的称量瓶的质量，再称量倒出试样的称量瓶的质量，两者之差即为试样的质量。此法应用广泛，应用此法可减少被称物质与空气接触的机会。

其操作步骤：将适量的试样装入洁净干燥的称量瓶中，盖好瓶盖，用洁净的小纸条套在称量瓶上，如图 2-12 所示，或戴细纱手套，将称量瓶放在天平秤盘中心，设称得其质量为 m_1（g）。取出称量瓶，用左手将其举在承接试样的容器上方，右手用小纸片夹住瓶盖瓶，打开瓶盖，将称量瓶慢慢向下倾斜，并用瓶盖轻轻敲击瓶口，使试样慢慢落入容器内，如图 2-13 所示，这时应格外小心，不要把试样撒在容器外。当估计倾出的试样已接近所要求的质量时，慢慢将称量瓶竖起，用瓶盖轻轻敲瓶口，使瓶口不留一点试样，然后盖好瓶盖，将称量瓶再放回天平盘上称量。如此反复几次直到倾出的试样质量达到要求为止。设此时称得的质量为 m_2（g），则称出试样的质量为 (m_1-m_2)g。按上述方法连续操作，可称取多份试样。如果称出的试样超出要求值，必须弃去重称。

称取吸湿性很强或极易吸收 CO_2 的试样时，要求动作迅速，倒样次数要少。

二、称量记录

称量记录单见表 2-9。

例如：

第一次称量　　　　　　　　　　　瓶＋试样＝21.8947g

第二次称量　　　　　　　倒出一份试样后瓶＋试样＝21.3562g

　　　　　　　1 号烧杯中试样质量为 21.8947g－21.3562g＝0.5385g

第三次称量　　　　　　　倒出第二份试样后瓶＋试样＝20.8050g

2 号烧杯中试样质量为　　21.3562g－20.8050g＝0.5512g

表 2-4　称量记录单

试样编号	倾样前称量瓶＋试样/g	倾样后称量瓶＋试样/g	试样质量/g
1	21.8947	21.3562	0.5385
2	21.3562	20.8050	0.5512

【知识拓展】

滴定管的校正方法

　　将待校正的滴定管充分洗净，并涂好凡士林油，加水调至零处。记录水的温度，将滴定管尖外面水珠除去，然后以滴定速度向已准确称过质量的具塞锥形瓶中放出 10mL 水，将滴定管尖靠在锥形瓶内壁，收集管尖余滴，0.5～1min 后读数，并记录，两次质量之差即为放出的水的质量。

　　由滴定管中再放出 10mL 水于原锥形瓶中，用上述同样方法称量，读数并记录。同样，每次再放出 10mL 水，即从 20mL 到 30mL，30mL 到 40mL，直至 50mL 为止。用试验温度时 1mL 水的质量（查表 2-5）来除每次得到的水的质量，即得到相当于滴定管各部分容积的实际体积（mL）。

表 2-5　20℃时 1L 的水在不同温度下的质量

温度/℃	质量/g	温度/℃	质量/g	温度/℃	质量/g
1	998.32	14	998.04	27	995.69
2	998.39	15	997.93	28	995.44
3	998.44	16	997.80	29	995.18
4	998.48	17	997.65	30	994.91
5	998.50	18	997.51	31	994.64
6	998.51	19	997.34	32	994.34
7	998.50	20	997.18	33	994.06
8	998.48	21	997.00	34	993.75
9	998.44	22	996.80	35	993.45
10	998.39	23	996.60	36	993.12
11	998.32	24	996.38	37	992.80
12	998.23	25	996.17	38	992.46
13	998.14	26	995.93	39	992.12

　　例如，在 21℃时由滴定管中放出 10.03mL 水，其质量为 10.04g。查表 2-5 得到 21℃时每毫升水的质量为 0.997g。所以，20℃时其实际容积为 10.04/0.997＝10.07mL，故此管容积之误差为 10.07－10.03＝0.04mL。

【训练考核】

　　采用减量法称取四份 0.6g 无水硫酸铜。

【考核评价】

　　按表 2-6 考核称量操作。

表 2-6　称量操作考核

训练项目	考核要点	分值	考核标准	得分
电子天平的操作	称量前的准备	20	取下天平罩,放好,检查天平水平状态,戴好细纱手套,清洁天平各部件并正确组装	
	预热	10	使用前接通电源,预热 30min	
	称量	5	称量过程中戴细纱手套	
		20	称量时,关闭天平门,天平归零,将称量瓶放在秤盘中心,关闭天平门,数字稳定后,读数,记录	
称量瓶的操作	称量瓶的拿取	5	用纸条或戴细纱手套拿取称量瓶	
	减量法药品倾出	20	用瓶盖轻敲称量瓶口,渐渐倾出药品,试样不可外撒,接近所需量时,慢慢竖起称量瓶,瓶口不留样品	
		5	倾出的样品过量,不能倒回,应弃去,重称,每次称量值与需要量在 5%范围内	
	记录	10	准确记录倾样前和倾样后的数据	
	试验后的整理	5	关闭天平开关,关闭天平门,罩好天平	

学习子情境二　标准溶液的配制与标定

学习目标

1. 掌握标准溶液配制与标定的方法及原则;

2. 掌握试验报告单的填写方法;

3. 能正确安装冷凝装置;

4. 能正确操作恒温干燥箱;

5. 培养学生自主学习能力,自我总结能力,分析问题的兴趣和解决问题的能力。

情境描述

某石化公司质检部成品站标液岗,为该公司各分析岗位提供所需的标准溶液,标准溶液的配制与标定是该岗位分析工必备的技能,正确操作电子天平进行称量,正确使用移液管、容量瓶,按要求制备无二氧化碳的水,正确进行滴定操作,正确使用恒温箱,在此基础上,依据石油化工行业标准 SH/T 0079《石油产品试验用试剂溶液配制方法》,设计氢氧化钾-异丙醇标准溶液的配制方案,由此进行各种标准溶液的配制与标定。

任务一　设计 0.01mol/L 氢氧化钾-异丙醇标准溶液的配制与标定的试验方案

【任务实施及步骤】

(1) 依据石油化工行业标准 SH/T 0079,设计配制方案。

(2) 准备试验用仪器设备、试剂。

(3) 制备配制试剂用的无二氧化碳的水(加热煮沸 5min,冷却至室温)。

(4) 使用恒温干燥箱,如图 2-15 所示,在 105～110℃恒重邻苯二甲酸氢钾 3～4h。

(5) 配制 0.1mol/L 氢氧化钾-异丙醇标准溶液,用电子天平准确称量氢氧化钾 6g 和基准试剂邻苯二甲酸氢钾 0.6g。

(6) 安装回流冷凝器,如图 2-16 所示(在需要较长时间加热时,为了防止液体挥发损失，常常在烧瓶上竖直地加设一冷凝管），加热盛有 6g 氢氧化钾和 1L 异丙醇的烧瓶，煮沸 20min，并不断摇动烧杯，防止氢氧化钾在杯底结块。

（7）待氢氧化钾全部溶解后，冷却片刻，加入氢氧化钡至少 2g，再缓慢加热煮沸至少 30min。

（8）冷却至室温，静置，待上层溶液澄清后，将清液倾入棕色瓶内，在瓶口接一根碱石灰干燥管，如图 2-17 所示。

（9）用邻苯二甲酸氢钾对氢氧化钾溶液进行标定。

（10）计算氢氧化钾的浓度（取四次标定结果的平均值），试剂瓶贴上标签，如图 2-18 所示。

（11）将 0.1mol/L 氢氧化钾-异丙醇标准溶液稀释为 0.01mol/L 氢氧化钾-异丙醇标准溶液，试剂瓶贴上标签。

图 2-15　恒温干燥箱
开启电源开关、设置恒定温度、
需恒重的药品，必须置于
器皿内再放入干燥箱内

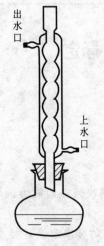

图 2-16　溶解氢氧化钾的
加热回流装置

图 2-17　氢氧化钾-异丙醇
标准溶液的贮存
棕色瓶，瓶口上接一
根碱石灰干燥管

图 2-18　试剂瓶标签
标注试剂名称、浓度、配制时间、
有效期，粘贴在试剂瓶中上部

【基础知识】

氢氧化钾-异丙醇标准溶液的配制与标定

1. 配制

SH/T 0079 标准规定，配制氢氧化钾-异丙醇溶液，试剂的取用量标准如表 2-7 所示。

表 2-7　氢氧化钾浓度与质量关系

$c(KOH)/(mol/L)$	$m(KOH)/g$	$c(KOH)/(mol/L)$	$m(KOH)/g$
1.0	56	0.1	6
0.5	28	0.05	3
0.2	12	0.01	0.6

按表 2-7 所规定，要配制 0.1mol/L 的氢氧化钾-异丙醇溶液，称取 6g 氢氧化钾，加入

盛有1L的无水异丙醇（含水量小于0.9%）的烧瓶中，为防止加热时异丙醇挥发，在烧瓶口安装回流冷凝器，加热，为防止氢氧化钾在瓶底结块，不断摇动烧瓶。缓慢煮沸20min，待氢氧化钾全部溶解后，冷却片刻，再向烧瓶内加入2g氢氧化钡，再缓慢煮沸至少30min。冷却达室温，静置，待上层溶液澄清后，小心将上层清液倾入棕色瓶中，为防止空气中的水分和二氧化碳，在瓶口接一根碱石灰干燥管（如图2-17所示）。

2. 标定

SH/T 0079 标准规定，标定氢氧化钾-异丙醇溶液，基准邻苯二甲酸氢钾的取用量标准如表2-8所示。

表 2-8　氢氧化钾浓度与要称取的基准邻苯二甲酸氢钾的质量关系

$c(KOH)/(mol/L)$	基准邻苯二甲酸氢钾/g	无二氧化碳的水/mL
1.0	6.0	80
0.5	3.0	80
0.2	1.2	80
0.1	0.6	80
0.05	0.3	80
0.01	0.06	80

基准物质纯度要求≥99.9%，物质的组成（包括其结晶水含量）应与化学式相符合，物质性质稳定，而且基准物质的摩尔质量应尽可能大，这样称量的相对误差就较小。

标定 0.1mol/L 的氢氧化钾-异丙醇溶液所用的基准邻苯二甲酸氢钾，需经 105～110℃ 烘至恒重，称取 0.6g，精确至 0.0002g。将其溶解于 80mL 无二氧化碳的水中，加入 2～3 滴酚酞-乙醇指示剂，用上述配制好的氢氧化钾溶液滴定至呈粉红色，同时做空白试验。

3. 计算

氢氧化钾-异丙醇溶液的实际浓度 $c(KOH)$（mol/L）的表达式：

$$c(KOH) = \frac{m}{(V_1 - V_2) \times 204.2}$$

式中　m——邻苯二甲酸氢钾的质量，g；

　　　V_1——氢氧化钾-异丙醇溶液的用量，mL；

　　　V_2——空白试验时，氢氧化钾-异丙醇溶液的用量，mL；

　204.2——邻苯二甲酸氢钾的摩尔质量，mol/L。

[**例 2-1**]　配制 1000mL，0.5mol/L NaOH 标准溶液，如何标定？

解　先配制氢氧化钠的饱和溶液。称取 100g 氢氧化钠，溶于 100mL 水中，摇匀，注入聚乙烯试剂瓶中，密闭放置至溶液清亮。用塑料管虹吸 26mL 清液，注入 1000mL 无 CO_2 的水中，摇匀。

标定：称取已在 105～110℃ 干燥 3～4h 恒重的邻苯二甲酸氢钾 3g（称准至 0.0001g）4 份，设 $m_1 = 2.8619g$、$m_2 = 3.0368g$、$m_3 = 3.1401g$、$m_4 = 3.0568g$，分别溶于 80mL 无 CO_2 的水中，加两滴酚酞指示液（10g/L），用配好的 NaOH 溶液滴定至微红色为终点（溶液温度不低于 50℃）。设消耗的体积分别为 $V_1 = 27.88mL$、$V_2 = 29.58mL$、$V_3 = 30.62mL$、$V_4 = 29.80mL$，同时作空白试验，$V_0 = 0mL$。

计算：已知 $M(KHC_8H_4O_4) = 204.22g/mol$

$$c_1 = \frac{2.8619 \times 1000}{204.22 \times 27.88} = 0.5026(\text{mol/L})$$

同理计算得：$c_2 = 0.5027\text{mol/L}$，$c_3 = 0.5022\text{mol/L}$，$c_4 = 0.5023\text{mol/L}$

故：平均值 $= 0.5024\text{mol/L}$

$$滴定的平行误差 = \frac{最大值 - 最小值}{平均值} \times 100\% = 0.1\%$$

国家标准（GB 601）规定，平行试验不得少于 8 次，两人各做 4 次，每人测定 4 次的平行误差及两人测定结果与平均值之差均不得大于 1.0%。

【训练考核】

配制 0.1mol/L 的硫代硫酸钠溶液并标定？

【考核评价】

按表 2-9 考核标准溶液配制与标定操作。

表 2-9 标准溶液配制与标定操作考核表

训练项目	考核要点	分值	考核标准	得分
称量操作	称量前的准备	2	取下天平罩，放好，检查天平水平状态，戴好细纱手套，清洁天平各部件并正确组装	
	预热	3	使用前接通电源，预热 30min	
	称量	2	称量过程中戴细纱手套	
		5	称量时，关闭天平门，天平归零，将称量瓶放在秤盘中心，关闭天平门，数字稳定后，读数，称量值记入原始记录	
	减量法药品倾出	3	用瓶盖轻敲称量瓶口，慢慢倾出药品，试样不可外撒，接近所需量时，慢慢竖起称量瓶，瓶口不留样品	
		5	倾出的样品过量，不能倒回，应弃去，重称，每次称量值在 5% 范围内	
溶解操作	加热回流装置的安装	3	冷凝管的安装，上下水正确	
	摇荡	2	边加热，边摇动，不可在瓶底结块	
移液管操作	待取液的移取	10	摇匀待吸溶液，正确吸取溶液（不可吸空、不可插底），吸取溶液后用滤纸擦净外壁	
	溶液的放出	10	放出溶液时移液管垂直，放出溶液时移液管尖紧靠瓶壁，放出溶液后停留 15s	
滴定操作	滴定管洗涤	5	洗涤干净，壁不挂水珠，再用标准溶液润洗 2~3 次	
	标液装入	5	摇匀，直接装入	
	调节初始液面	5	排除气泡，调至"0"刻线或以下，0.5~1min 后读数，并及时记录	
	滴定操作	15	边滴边摇，速度控制正确，操作正确	
	终点判定	5	终点判断准确，一滴或半滴变色	
	读数	10	终点后 0.5~1min 后读数，读数时滴定管垂直，视线与溶液弯月面下缘平行，及时记录	
标签	粘贴标签	5	名称、浓度、配制日期，贴在试剂瓶的中上部	
其他	仪器整理	5	操作过程中台面整洁、摆放有序，操作后各种仪器洗刷干净，台面摆放有序	

任务二　设计分析试验报告单

【任务实施及步骤】

（1）展示实际分析结果报告单，如图 2-19 所示。
（2）依据实际案例，归纳分析结果报告单内容。
（3）自己设计分析结果报告单。
（4）小组间互评，最后教师点评。

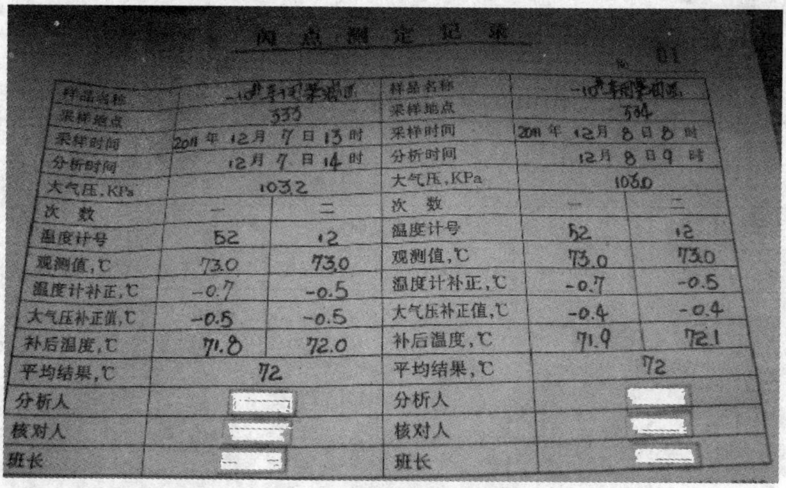

图 2-19　分析结果报告单

【基础知识】

在油品分析中，要求将准确的分析结果及时地反馈给生产单位和生产指挥人员，以便及时调整生产工艺，得到合格的石油产品及半成品。这就需要填写分析报告单，紧急情况下，可先用电话报告分析结果后送书面报告。分析报告单一般以图表或文字形式填写，并按规定要求清楚、完善、准确填写，报告单上不得涂改或臆造数据。

试验结果报告单一般应包括采样时间、地点、试样编号、试样名称、测定次数、完成测定时间、所用仪器型号、分析项目、分析结果、备注、分析人员、技术负责人签字、实验室所在单位盖章等。作为鉴定分析或仲裁分析，还应包括实验方法、标准要求及约定等。

【知识拓展】

我国化学试剂的等级标准如表 2-10 所列。

表 2-10　我国化学试剂的等级标准

试剂级别	名称	符号	试剂瓶上标签颜色	适用范围
一级品	优级纯	G. R.	绿色	纯度很高，适用于精密分析及科学研究工作
二级品	分析纯	A. R.	红色	纯度仅次于一级品，主要用于一般科学研究、重要测定及教学实验工作
三级品	化学纯	C. P.	蓝色	纯度较二级品差，适用于教学或精度要求不高的分析检测工作和无机、有机实验
四级品	实验试剂	L. R.	棕色或黄色	纯度较低，只用于一般的化学实验及教学工作

　　化学试剂除表 2-10 所列等级外，还有基准试剂、光谱纯试剂及超纯试剂等。基准试剂相当于或高于优级纯试剂。光谱纯试剂主要用于光谱分析中作标准物质，其杂质用光谱分析法测不出或杂质低于某一限度，纯度在 99.99％以上。超纯试剂又称高纯试剂。

　　（1）设计 0.1mol/L 的氢氧化钾-异丙醇溶液标准溶液配制与标定的分析结果报告单。

　　（2）完成此学习情境部分习题。

　　按表 2-11 考核分析结果报告单设计。

表 2-11　分析结果报告单设计考核

训练项目	考核要点	分值	考核标准	得分
分析结果报告单	口述报告单内容	20	内容全面、不缺项，表述清楚	
	计算公式	20	数学表达式正确	
	报告单作品	60	格式设计标准，内容完整，字迹工整，无涂改	

航煤中铜含量的测定

学习子情境一　分光光度计的使用

学习目标

1. 掌握吸光光度法的基本原理；
2. 掌握萃取的原理；
3. 能使用分液漏斗进行液体混合物的分离；
4. 能正确操作 72 型分光光度计；
5. 培养学生严谨求实、肯吃苦、一丝不苟的工作态度。

情境描述

某石化公司质检部成品站碘值岗，要对航煤中铜含量进行测定，本岗位分析人员要能依据萃取的原理，使用分液漏斗进行液体混合物的分离；要依据吸光光度法的基本原理，正确使用分光光度计。

任务一　分液漏斗的使用

【任务实施及步骤】

（1）认识分液漏斗（规格有：50mL、100mL、125mL、250mL、500、1000mL），如图 3-1 所示。

（2）检查分液漏斗的玻璃塞和活塞是否漏水。

（3）洗涤分液漏斗（用铬酸洗液浸泡洗涤，然后用蒸馏水冲洗）。

（4）使用分液漏斗进行液体混合物的分离，如图 3-1、图 3-2 所示。

【基础知识】

用适宜的溶剂把指定物质从固体或液体混合物中提取出来的操作叫做萃取。在萃取分离法中，目前应用最广泛的是液-液萃取分离法，亦称溶剂萃取分离法。其利用了物质间相似相溶的原理，将溶剂和试液一起混合振荡，然后搁置分层从而达到分离的目的。分液时，先打开漏斗上端玻璃塞，再慢慢旋开下端的活塞，使下层溶液缓慢流入烧杯中，分液时，尽可能分离干净，不能丢失被萃取的物质，在两种液体的交界处，有时会出现一层絮状的乳浊液，也应同时放去。上层的液体应从漏斗的上口倒出，不能从分液漏斗下端放出。为了提高萃取效率，应进行多次萃取。将放出的下层溶液倒回分液漏斗中，加入新的萃取剂，用同样的方法进行第二次萃取。萃取的次数一般为 3～5 次。

萃取过程中使用分液漏斗时应注意以下几点：

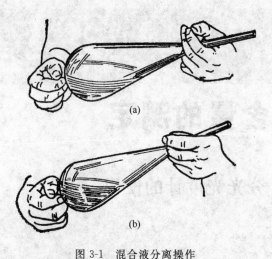

图 3-1　混合液分离操作

右手按住漏斗上端的玻璃塞，左手握住漏斗下端的活塞（a），
倾斜倒置朝无人处放空（b），上下振荡数次，开启活塞，
放气后，关闭活塞，继续振荡。如此重复操作，直至
放气时只有很小的压力，然后再剧烈振摇 5min，
使两种液体充分接触，提高萃取效率

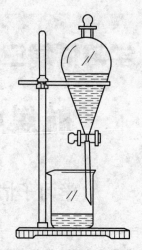

图 3-2　分液操作

溶液分层完毕后，先打开漏斗上端玻璃塞，
再慢慢旋开下端的活塞，使下层溶液缓慢
流入烧杯中，分液时，尽可能分离
干净，不能丢失被萃取的物质

① 使用前必须检查上端玻璃塞和下端活塞是否紧密和是否润滑，若漏水或不润滑，应将活塞取下，用纸或干布擦干净，薄薄地涂一层凡士林油，注意不要涂入活塞孔中，插上活塞后转动数圈，使凡士林油均匀分布，活塞呈透明，漏斗上端的玻璃塞不可涂凡士林油。

② 不能把活塞上涂有凡士林油的分液漏斗放在烘箱中干燥，也不能用手拿分液漏斗的下端，以避免折断漏斗。不能用手拿住分液漏斗的膨大部分振荡漏斗，否则会造成玻璃塞冲出或活塞脱滑。

③ 分液时，先打开上端的玻璃塞，再开启下端的活塞。

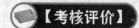【训练考核】

使用分液漏斗，用四氯化碳萃取碘水中的碘（量取 10mL 碘水溶液，用 4mL 四氯化碳萃取）。

【考核评价】

按表 3-1 考核萃取操作。

表 3-1　萃取操作考核

训练项目	考核要点	分值	考核标准	得分
萃取操作	检查	15	检查分液漏斗上端玻璃塞和下端活塞是否漏水，活塞是否润滑	
	洗涤	15	用铬酸洗液浸泡洗涤后，然后用蒸馏水冲洗	
	振荡	20	开始时慢慢振荡，并放空	
	剧烈振摇	20	重复振荡、放空至压力很小时，剧烈振摇	
	分液	20	先打开漏斗上端玻璃塞，再慢慢旋开下端的活塞，使下层溶液缓慢流入烧杯中，必须分离干净，若有絮状的乳浊液，应同时放去；上层的液体应从漏斗的上口倒出，不能从分液漏斗下端放出	
	试验后的整理	10	清理试验台，仪器、药品摆放整齐	

任务二　可见-紫外分光光度计的使用

【任务实施及步骤】

（1）在油品分析实训室，认识分光光度计。

（2）打开仪器电源开关，预热 10min。

（3）按"MODE"至显示 A。

（4）吸收池配套性检查（吸收池在 400nm 装蒸馏水，以一个吸收池为参比，调节 T 为 100％，测定其余吸收池的 T，其偏差应小于 0.5％，可以配成一套使用，记录其余比色皿的 A 作为校正值）。

（5）以蒸馏水作参比液，分别于 400～760nm 范围内每间隔 10nm 测定溶液的吸光度。

（6）绘制吸收曲线，确定最大吸收波长。

【基础知识】

一、概述

基于物质对光的选择性吸收而建立的分析方法，称为吸光光度法。它可分为比色分析法和分光光度法。

目视比色法：使用一套由同种材料制成的、大小形状相同的平底玻璃管（称为比色管）如图 3-3 所示，于管中分别加入一系列不同量的标准溶液和待测液，再加入等量的显色剂进行显色反应，再加溶剂或水稀释至刻度，充分摇匀后，放置。从管口垂直向下观察，比较待测液与标准溶液颜色的深浅。若待测液与某一标准溶液颜色一致，则说明两者浓度相等；若待测液颜色介于两标准溶液之间，则取其算术平均值为待测液浓度。如图 3-3 所示。

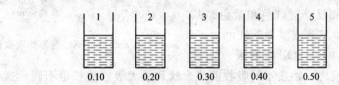

图 3-3　比色法（单位：mol/L）

使用分光光度计进行测定的方法，称为分光光度法。分光光度计由下列基本部件组成：光源、单色器、吸收池、检测系统。

光源：在可见光区测量时通常使用钨丝灯为光源。在紫外区测定时常采用氢灯或氘灯作为光源。

单色器：将光源发出的连续光谱分解为单色光的装置，称为单色器。

吸收池：亦称比色皿，用于盛吸收试液，可用无色透明、能耐腐蚀的玻璃比色皿，其规格有 0.5cm、1cm、2cm、3cm 等。比色皿必须保持十分清洁，注意保护其透光面，不要用手指接触。

检测系统：测量吸光度时，并非直接测量透过吸收池的光强度，而是将光强度转换成电流进行测量，这种光电转换器件称为检测器。检测器可直接读出 A 的数值。

二、物质对光的选择性吸收

波长范围在 400～760nm 的光，人眼能感觉到称为可见光。不同波长范围的光具有不同颜色，只有一种颜色的光，叫做单色光。

如果把适当颜色的两种单色光按一定的强度比例混合，可以成为白光，这两种单色光的颜色称为互补色。物质所呈现的颜色决定于物质对光的选择性吸收，如表 3-2 所示。

表 3-2   物质呈现的颜色与吸收光颜色和波长的关系

物质的颜色	吸 收 光	
	颜色	波长范围/nm
黄绿	紫	400～450
黄	蓝	450～480
橙	青蓝	480～490
红	青	490～500
紫红	绿	500～560
紫	黄绿	560～580
蓝	黄	580～600
青蓝	橙	600～650
青	红	650～750

当依次将各种波长的单色光通过一定浓度的某一有色溶液，测量每一波长下有色溶液对该波长光的吸收程度（吸光度），然后以波长为横坐标，吸光度为纵坐标作图，得到一条曲线，称为该溶液的吸收曲线，亦称为吸收光谱曲线。如图 3-4 所示，是 3 种不同浓度 $KMnO_4$ 溶液的吸收曲线（其中 $c_3 > c_2 > c_1$）。

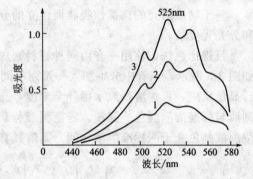

图 3-4 $KMnO_4$ 溶液的吸收曲线

① $KMnO_4$ 对不同波长的光的吸光度不同，在 525nm 处的吸光度最大（此波长称为最大吸收波长，以 λ_{max} 或 $\lambda_{最大}$ 表示），由此表明 $KMnO_4$ 对绿色光的吸收最强。相反，对红色和紫色光基本不吸收，所以，$KMnO_4$ 溶液呈现紫红色。

② 三种不同浓度的 $KMnO_4$ 溶液吸收曲线形状相似，λ_{max} 相同。反之，物质不同吸收曲线形状和最大吸收波长也不同。这一特性可以作为物质定性分析的依据。

③ 同一物质浓度不同时，在一定波长处吸光度随浓度增加而增大，这一特性可作为物质定量分析的依据。

三、光的吸收基本定律——朗伯-比耳定律

吸光光度法的定量依据是朗伯-比耳定律。其表达式为：

$$A = \lg \frac{I_0}{I} = \alpha bc$$

式中 α——吸光系数，L/(g·cm)；

b——液层厚度（比色皿规格），cm；

c——溶液浓度，g/L。

当 c 以 mol/L 为单位时，则此时的吸光系数称为摩尔吸光系数，用符号 ε 表示，单位为 L/(mol·cm)。则有：

$$A = \varepsilon bc$$

不同的有色物质，具有不同的 ε 值，ε 值越大，表示该吸光物质对指定波长光的吸收能力越强，显色反应越灵敏。

朗伯-比耳定律不仅适用于可见光区，也适用于紫外光区和红外光区。

朗伯-比耳定律的数学表达式的物理意义为：当一束平行单色光通过单一均匀的、非散射的吸光物质溶液时，溶液的吸光度与溶液浓度和液层厚度的乘积成正比。

在吸光度的测量中，有时也用透光度 T 来表示物质对光的吸收程度。透光度 T 是透射光强度 I 与入射光强度 I_0 之比，即

$$T = \frac{I}{I_0}$$

因此

$$A = \lg \frac{1}{T}$$

四、显色反应及显色条件的选择

在进行比色分析或光度分析时，首先要把待测组分转变为有色化合物，将待测组分转变成有色化合物的反应叫显色反应。与待测组分形成有色化合物的试剂称为显色剂。显色剂在测定波长处无明显吸收，这样，试剂空白值小，可以提高测定的准确度。通常把两种有色物质最大吸收波长之差称为对比度，一般要求显色剂与有色化合物的对比度 $\Delta\lambda$ 在 60nm 以上。显色剂用量、酸度控制、显色温度、显色时间等条件的设定都是通过实验而确定的。

五、干扰的消除

光度分析中，共存离子如本身有颜色，或与显色剂作用生成有色化合物，都将干扰测定。消除共存离子干扰的方法如下。

① 加入络合掩蔽剂或氧化还原掩蔽剂，使干扰离子生成无色络合物或无色离子。

② 选择适当的显色条件以避免干扰。如用磺基水杨酸测定 Fe^{3+} 时，Cu^{2+} 与试剂形成黄色络合物，干扰测定，但如控制 pH 在 2.5 左右，Cu^{2+} 则不与试剂反应。

③ 分离干扰离子。可采用沉淀、离子交换或溶剂萃取等分离方法除去干扰离子。

六、吸光度测量条件的选择

测量条件主要包括入射光波长、参比溶液和吸光度读数范围。

1. 入射光波长的选择

入射光的波长应根据吸收光谱曲线，以选择溶液具有最大吸收时的波长为宜。这是因为在此波长处摩尔吸光系数值最大，使测定有较高的灵敏度，同时，在此波长处的一个较小范围内，吸光度变化不大，不会造成对朗伯-比耳定律的偏离，使测定有较高的准确度。

2. 参比溶液的选择

将不含有待测离子的溶液或试剂放入一比色皿中，试液放入另一比色皿中，再调节仪器，使不含待测离子的溶液的 $A=0$，此种溶液称为参比溶液。使用参比溶液是为了消除由于比色皿、溶剂及试剂对入射光的反射和吸收等带来的误差。因此在光度分析中，参比溶液的作用是非常重要的。选择参比液总的原则是，使试液的吸光度真正反映待测物的浓度。

3. 吸光度读数范围的选择

测量的吸光度过低或过高，所造成的误差都是非常大的，因而普通分光光度法不适用于高含量或极低含量物质的测定。例如 72 型分光光度计适宜测定的吸光度范围为 0.1～0.65。根据朗伯-比耳定律，可以通过改变吸收池厚度或待测液浓度，使吸光度读数处在适宜范围内，从而减小测定误差。

【训练考核】

选择合适的波长，测定 0.1mol/L、0.2mol/L、0.3mol/L 高锰酸钾溶液的吸光度。

【考核评价】

按照表 3-3 考核分光光度计操作。

表 3-3 分光光度计操作考核

训练项目	考核要点	分值	考核标准	得分
分光光度计操作	开机	5	分光光度计测定前需预热 10min	
	吸收池配套性检查	20	偏差应小于 0.5%	
	比色皿	5	比色皿的拿持方法	
		5	注入溶液高度适当(2/3~4/5)	
		5	吸收池外壁处理正确(滤纸吸干,擦镜纸擦净)	
		5	吸收池内无气泡	
	操作过程	5	测定波长间隔的设置	
		5	读数、记录	
		40	最大吸收波长的确定,吸收曲线的绘制	
	试验后的整理	5	清理试验台,仪器、药品摆放整齐	

学习子情境二　航煤中铜含量的测定

学习目标

1. 掌握分光光度法定量分析的方法;
2. 掌握工作曲线的绘制方法;
3. 能正确操作 72 型分光光度计进行吸光度的测定;
4. 能应用工作曲线确定物质含量;
5. 培养学生严格遵守规则,严谨求实的工作作风。

情境描述

某石化公司质检部成品站碘值岗,要对航煤中铜含量进行测定,要完成此项工作任务,首先需查阅石化行业标准 SH/T 0182 设计试验方案,配制铜的标准溶液,然后通过测定吸光度,绘制工作曲线,通过查找工作曲线确定航煤中铜的含量。

任务一　设计测定航煤中铜含量的试验方案

【任务实施及步骤】

(1) 查阅石化行业标准 SH/T 0182。
(2) 观看航煤中铜含量测定的视频资料,设计试验方案。

任务二　配制硫酸铜的标准溶液和显色液

【任务实施及步骤】

(1) 准备试验用仪器和材料

① 容量瓶：1000mL；

② 量筒：100mL；

③ 烧杯：50mL、100mL；

④ 移液管：10mL；

⑤ 分液漏斗：1000mL；

⑥ 定性滤纸；

⑦ 电子天平；

⑧ 棕色试剂瓶。

（2）准备试验用试剂

① 硫酸铜（$CuSO_4 \cdot 5H_2O$）：分析纯；

② 蒸馏水；

③ 二乙基二硫代氨基甲酸钠：分析纯；

④ 硝酸铅：分析纯；

⑤ 柠檬酸铵：分析纯；

⑥ 1g/L 酚酞-乙醇指示液；

⑦ 氨水：分析纯；

⑧ 异辛烷：分析纯。

（3）配制硫酸铜标准溶液

① 称取 0.3928g $CuSO_4 \cdot 5H_2O$ 于 50mL 烧杯中。

② 用少量蒸馏水溶解后，定量移入 1000mL 容量瓶中，并用蒸馏水定容至刻度，此溶液中铜含量为 0.1mg/mL。

③ 取 10mL 溶液②，放入 1000mL 容量瓶中，并用蒸馏水定容至刻度，此溶液中铜含量为 1μg/mL。

（4）配制显色液的操作步骤

① 称取 0.2g 二乙基二硫代氨基甲酸钠和 0.2g 硝酸铅及 1g 柠檬酸铵于 100mL 烧杯中。

② 加入 50mL 水溶解，将其定量移入 1000mL 分液漏斗中，加入 2 滴酚酞-乙醇指示液，用氨水调至溶液出现红色，再加入 500mL 异辛烷，剧烈振荡 5min。

③ 将水相放入另一 1000mL 分液漏斗中，向其中加入 500mL 异辛烷，剧烈振荡 5min，弃去水相。

④ 将两个分液漏斗中的异辛烷萃取液分别用 100mL 蒸馏水洗一次，弃去水相，将有机相合并。

⑤ 用快速定性滤纸过滤于棕色瓶中，置于暗处冷藏备用。

任务三　分液漏斗脱铜

【任务实施及步骤】

（1）准备试验用仪器和材料

① 72 型分光光度计；

② 擦镜纸；

③ 3cm 比色皿。

（2）准备试验用试剂

① 铬酸洗液；

② 硝酸：体积比为 1∶1 的硝酸溶液；

③ 蒸馏水；

④ 次氯酸钠溶液：分析纯；

⑤ 13％的盐酸溶液。

（3）分液漏斗脱铜的操作步骤

① 分液漏斗用铬酸洗液浸泡洗涤。

② 用热的 1∶1 硝酸溶液振荡洗涤 3min，然后用蒸馏水冲洗。

③ 向分液漏斗中依次加入 10mL 次氯酸钠溶液、20mL 13％盐酸溶液，每加入一种试剂都需振荡 5min。

④ 测定其吸光度，重复上述步骤，直至两次测定的吸光度基本一致为止。

任务四　绘制工作曲线

【任务实施及步骤】

（1）准备试验用仪器和材料

① 72 型分光光度计；

② 擦镜纸；

③ 3cm 比色皿；

④ 分液漏斗：6 个，100mL；

⑤ 吸量管：10mL；

⑥ 定性滤纸；

⑦ 移液管：1mL、2mL、5mL、10mL。

（2）准备试验用试剂

① 1μg/mL 铜标准溶液；

② 柠檬酸铵：分析纯；

③ 盐酸羟胺：分析纯；

④ 酚酞-乙醇指示液；

⑤ 氨水：分析纯；

⑥ 异辛烷：分析纯。

（3）绘制工作曲线

① 在 6 个 100mL 分液漏斗中，分别加入 0mL、1.0mL、3.0mL、5.0mL、7.0mL、9.0mL 含量为 1μg/mL 的铜标准溶液。

② 称取（20±0.1）g 柠檬酸铵溶于 100mL 蒸馏水中，用移液管移取 5mL 依次加入到上述 6 只分液漏斗中。

③ 称取（10±0.1）g 盐酸羟胺溶于 100mL 蒸馏水中，用移液管移取 3mL 分别加入到上述 6 只分液漏斗中，摇匀。

④ 再分别加入 2～3 滴酚酞-乙醇指示液，用氨水调至溶液刚出现红色。

⑤ 再用移液管移取 10mL 显色液，剧烈振荡 5min，静置分层，将下层水相弃去。

⑥ 把有机相用定性滤纸过滤于比色皿中。

⑦ 以异辛烷为参比液，用 72 型分光光度计在 438nm 处测定 A_0 和 A_i，得到 A_1、A_2、

A_3、A_4、A_5、A_6。

⑧ 以 A_i 与 A_0 的差，净吸光度为纵坐标，以相对应的铜的标准溶液的浓度为横坐标，绘制工作曲线。

任务五　航煤中铜含量的测定

【任务实施及步骤】

（1）准备试验用仪器和材料

① 72 型分光光度计；

② 擦镜纸；

③ 3cm 比色皿；

④ 分液漏斗：100mL；

⑤ 吸量管：10mL；

⑥ 密度计。

（2）准备试验用试剂

① 航煤试样；

② 次氯酸钠溶液：分析纯；

③ 13％盐酸溶液；

④ 异辛烷：分析纯。

（3）铜含量的测定步骤

① 按 GB/T 1884 测定在试验温度时航煤试样的密度。

② 按 SH/T 0182 规定，量取一定体积的混合均匀的航煤试样（取样量见表 3-4）于分液漏斗中。

表 3-4　铜含量与取样量及分液漏斗规格的选择

铜含量/10^{-9}	取样量/mL	分液漏斗规格/mL
小于 20	500	1000
20～50	200	500
50～100	100	250

③ 向分液漏斗中加入 10mL 次氯酸钠溶液，剧烈摇动，再加入 13％盐酸溶液 10mL，剧烈摇动 5min，静置分层。

④ 将酸液放入 100mL 分液漏斗中，再用 10mL 13％盐酸溶液萃取一次，两次酸液合并。

⑤ 以异辛烷为参比液，用 72 型分光光度计在 438nm 处测定 A_0 和 A_x，净吸光度 $A = A_0 - A_x$，由工作曲线查得航煤中的铜含量 c（μg）。

⑥ 计算。试样中铜含量 c_x（10^{-9}）计算式：

$$c_x = \frac{c \times 10^3}{V\rho}$$

式中　c——试样的净吸光度在工作曲线上所对应的铜含量，μg；

　　　V——试样体积，mL；

　　　ρ——试样在试验温度下的密度，g/mL。

⑦ 精密度，要求见表 3-5。

表 3-5 精密度要求

铜含量/10^{-9}	重复性/10^{-9}
1～20	2
>20	算术平均值的30%

⑧ 结果报告。取重复测定两个结果的算术平均值作为测定结果，结果取整数。

【训练考核】

(1) 现有 $200\mu g/mL$ 的水杨酸和苯甲酸的标准溶液，利用这两种标准溶液进行未知液（它们中的一种）的定性和定量分析。

(2) 完成此学习情境部分习题。

【考核评价】

按照表 3-6 考核航煤中铜含量的测定操作。

表 3-6 航煤中铜含量的测定考核

训练项目	考核要点	分值	考核标准	得分
吸液和移液	移取样品	5	移液前试液摇匀	
	洗涤移液管	5	用待吸样润洗三次	
	移液管操作	5	移液管吸取溶液时插入深度合适	
		10	移液管不能吸空	
		5	用干净烧杯调整液面。	
		5	放移液管内的溶液时，垂直，管尖碰壁，容量瓶倾斜，移液管、吸量管放空后停留15s	
容量瓶使用	溶液转移	5	玻璃棒的使用，烧杯的洗涤。	
	混液	5	容量瓶加水至3/4时平摇	
	定容	5	距刻线1cm时等待15s，用滴管滴加定容	
分液漏斗操作	振荡	5	拿持方法	
	放空	5	不断放空，直到压力很小	
	分离	5	分离干净	
吸光度测定	开机	5	预热10min，调 $T=0$ 和100%操作	
	比色皿	5	比色皿拿法，注入溶液高度适当(2/3～4/5)，吸收池外壁处理正确(滤纸吸干，擦镜纸擦净)	
	测皿差	5	校正比色皿，选择配套比色皿	
铜含量的测定	工作曲线绘制	15	以 $A_i - A_0$ 净吸光度为纵坐标，以相对应的铜的标准溶液的浓度为横坐标，绘制工作曲线	
实验管理	台面和仪器	5	器皿清洗干净，台面整洁，仪器摆放整齐	

异丙醇纯度测定

学习子情境一　气相色谱仪的使用

学习目标

1. 掌握色谱分析法的基本原理、基础知识；
2. 能使用气相色谱仪测定物质含量；
3. 培养学生自主学习的意识，获取信息的方法和能力。

情境描述

　　某石化公司质检部成品站色谱分析岗，采用气相色谱法测定异丙醇纯度。要完成此项工作任务，首先，需要认识仪器各组成部件及作用，明确操作步骤，之后熟练使用气相色谱仪。

任务一　认识气相色谱仪

【任务实施及步骤】

（1）认识气相色谱仪，如图 4-1 所示。

（2）认识毛细管色谱柱，如图 4-2、图 4-3 所示。

图 4-1　气相色谱仪和检测器及数据处理系统　　图 4-2　毛细管色谱柱、柱温箱　　图 4-3　色谱柱

图 4-4　进样口　　　　　　　　图 4-5　检测器接口　　　　　　　　图 4-6　进样器

（3）了解检测器、数据处理系统的作用。

（4）认识进样口、检测器接口如图4-4、图4-5所示；认识进样器，如图4-6所示。

（5）认识气相色谱法所需的气路系统（氢气发生器、氮气发生器、空气压缩机），如图4-7～图4-9所示。

图 4-7　氢气发生器　　　图 4-8　氮气发生器（载气）　　图 4-9　气路面板（空气、氢气、氮气）

（6）掌握气相色谱分析流程。

任务二　气相色谱仪的使用

【任务实施及步骤】

（1）打开氮气发生器开关，排空，排空结束后，关闭排空开关，打开载气开关。

（2）打开色谱仪开关。

（3）打开数据处理系统，即计算机；调出分析方法，即各种分析条件、操作参数。

（4）等待仪器按分析方法规定条件工作就绪。

（5）调节空气、氢气、载气流速比，按点火键。（若为热导检测器，打开检测器开关）

（6）待柱温、检测器温度、进样室温度恒定，计算机显示仪器准备就绪，基线呈直线。

（7）选择合适进样器，用丙酮清洗数次（最后用试样清洗3次），快速进样。

（8）色谱仪开始测试，数据处理系统出现色谱图和分析数据。

（9）关机：关氢气开关，待柱温降到规定温度，关色谱仪电源，关空气、关色谱仪开关，最后关载气开关。

【基础知识】

一、气相色谱法

色谱分析法是一种高效、高速、高灵敏度的分离分析技术。适用于分析具有一定蒸气压且热稳定性好的组分。

气相色谱法分为气液色谱和气固色谱。前者以气体为流动相（也称载气），以液体为固定相；后者以气体为流动相，以固体为固定相。

二、气相色谱分析流程

如图4-10所示，气相色谱仪一般由载气系统、进样系统、分离系统、检测系统和记录系统五部分组成。

载气由高压钢瓶1供给，经减压阀2减压后，通过净化干燥管3干燥、净化，用气流调节阀（针形阀）4调节并控制载气流速至所需值（由流量计5及压力表6显示柱前流量及压

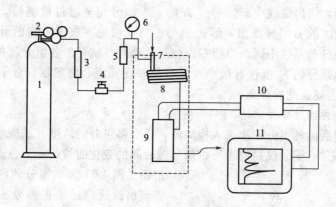

图 4-10　气相色谱流程图

Ⅰ气路系统：1—高压钢瓶；2—减压阀；3—净化干燥管；4—气流调节阀；5—转子流量计；

6—压力表；Ⅱ进样系统：7—汽化室；Ⅲ分离系统：8—色谱柱；Ⅳ检测系统：

9—检测器；Ⅴ记录系统：10—放大器；11—记录仪

力），而到达汽化室 7。试样用注射器由进样口注入，在汽化室经瞬间汽化，被载气带入色谱柱 8 中进行分离。分离后的单个组分随载气先后进入检测器 9。检测器将组分及其浓度随时间的变化量转变为易测量的电信号（电压或电流）。必要时将信号放大，再驱动自动记录仪 11 记录下信号随时间的变化量，从而获得一组峰形曲线，简称色谱图。一般情况下每个色谱峰代表试样中的一个组分。

在气相色谱仪的主要部件中，色谱柱和检测器是关键部件。分离的效果主要取决于色谱柱，而能否灵敏、准确地测定各组分则取决于检测器。

检测器的作用是将经色谱柱分离后的各组分，按其物理、化学特性转换为易于测量的电信号。信号的大小在一定范围内，与进入检测器的物质的质量成正比。检测器输出的信号可用色谱图的峰面积或峰高表示。

根据检测器响应特性的不同，可将其分为浓度型和质量型两类。浓度型检测器的响应信号正比于进入检测器的组分浓度。质量型检测器的响应信号正比于单位时间内通过检测器物质的质量。无论哪种类型的检测器，对其工作性能的要求是：灵敏度高，响应快，稳定性好，检测限低，线性范围宽。应用较广的检测器是氢火焰离子化检测器和热导池检测器。

三、气相色谱法的基本原理

现以气液色谱为例，在气液色谱中，固定相是在化学惰性的固体微粒表面涂上一层高沸点有机化合物的液膜。在色谱柱内，被测物质各组分的分离是基于各组分在固定相中的溶解度的不同。当载气携带被测组分进入色谱柱与固定液接触时就溶解到固定液中。载气连续流经色谱柱时，溶解在固定液中的被测组分会从固定液中挥发出来，然后又溶解在前面的固定液中，这样反复多次溶解、挥发、再溶解、再挥发，随着载气的流动，经过一定时间，各组分就彼此分离了。

物质在固定相和流动相之间发生溶解、挥发的过程，叫做分配过程。被测组分根据溶解和挥发能力的大小，以一定的比例分配在固定相和流动相之间。在一定温度下，组分在两相之间的分配达到平衡时的浓度比称为分配系数 K。

$$K = \frac{\text{组分在固定相中的浓度}}{\text{组分在流动相中的浓度}}$$

在一定温度下，各物质在两相间的分配系数是不同的。分配系数小的组分 A，被载气先带出，进入检测器，流出曲线突起，形成 A 峰，A 组分完全通过检测器，流出曲线恢复平直。随之分配系数大的 B 组分流出，形成 B 峰。由此可见，气液色谱的分离原理是利用不同物质在两相间的分配系数不同，当两相作相对运动时，试样的各组分就在两相中经反复多次地分配，即使两组分的 K 值仅有微小差异（反映在沸点、溶解度、分子结构和极性等方面的不同），也能实现彼此的分离。

四、色谱流出曲线及有关术语

经色谱柱分离后的各组分依次进入检测器，后者将组分的浓度（或质量）的变化转化为电压（或电流）信号，记录仪描绘出所得信号随时间的变化曲线，称为色谱流出曲线，即色谱图。图 4-11 为单组分的色谱流出曲线。色谱流出曲线趋近于正态分布曲线，它是气相色谱中定性、定量分析的主要依据。曲线中有关术语。

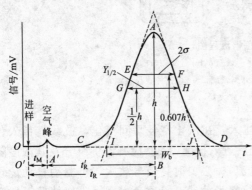

图 4-11　单组分色谱流出曲线图

1. 基线

当单纯载气通过检测器时，响应信号的记录值 OC 称为基线，稳定的基线应该是一条水平线。

2. 保留值

表示试样组分在色谱柱内停留的情况，通常保留值用时间或相应的载气体积表示。

（1）死时间 t_M　不被固定相吸附或溶解的气体物质（如空气、甲烷），从进样到出现峰极大值所需的时间称为死时间，如图 4-11 中 $O'A'$。

（2）保留时间 t_R　指待测组分从进样到柱后出现色谱峰最大值时所需的时间，如图 4-11 中 $O'B$。

（3）调整保留时间 t'_R　表示扣除死时间后的保留时间，如图 4-11 中 $A'B$，即 $t'_R = t_R - t_M$ 保留时间可用时间单位（min 或 s）也可用长度单位（cm）表示。

（4）死体积 V_M　柱内固定相颗粒间所剩余的空间、色谱仪中管路和连接头间的空间以及进样系统、检测器的空间的总和。它和死时间的关系为：$V_M = t_M F_0$，式中，F_0 为色谱柱出口的载气体积流速，mL/min。

（5）保留体积 V_R　指从进样到色谱峰出现最大值时所通过的载气体积，即 $V_R = t_R F_0$。

（6）调整保留体积 V'_R　表示扣除死体积后的保留体积，即 $V'_R = V_R - V_M$。

（7）相对保留值 r_{21}　指组分 2 与组分 1 的调整保留值之比。

$$r_{21} = \frac{t'_{R2}}{t'_{R1}}$$

相对保留值只与组分性质、柱温、固定相性质有关，与其他色谱操作条件无关，它表示色谱柱对两种组分的选择性，是气相色谱定性的重要依据。

3. 区域宽度

区域宽度即色谱峰宽度，色谱峰越窄、越尖，峰形越好。通常用下列三种方法之一表示。

（1）标准偏差 σ　即 0.607 倍峰高处色谱峰宽度的一半（图 4-11 中 EF 的一半）。

（2）半峰宽 $Y_{1/2}$　峰高 h 一半处的宽度（图 4-11 中的 GH）。它与标准偏差 σ 的关系是：

$$Y_{1/2} = 2.354\sigma$$

（3）峰底宽度 W_b　由色谱峰两边的拐点作切线，与基线交点间的距离（图 4-11 中的 IJ）。它与标准偏差 σ 的关系是：

$$W_b = 4\sigma$$

【训练考核】

气相色谱仪开停机操作。

【考核评价】

按照表 4-1 考核气相色谱仪开停机操作。

表 4-1　气相色谱仪开停机操作考核

训练项目	考核要点	分值	考核标准	得分
开机	打开色谱仪	20	打开数据处理系统，打开载气、空气，打开色谱仪开关	
			设置参数（进样口温度、柱箱温度、检测器温度等）	
	FID 点火	10	点火前检查检测器温度	
关机	口述关机步骤	20	表述清楚，步骤清楚	
	熄灭 FID	10	关闭氢气	
	温度	10	降温到规定指标	
	总电源	10	电源关闭顺序	
紧急停机	突然断电	10	马上关闭氢气，关闭所有电源开关，一直通载气到温度降到室温	
	载气突然掉压	10	马上给柱和进样口降温，迅速恢复载气供给，如无法恢复，关闭色谱仪	

学习子情境二　异丙醇纯度测定

学习目标

1. 了解异丙醇的性质、用途；
2. 能使用气相色谱仪测定物质含量；
3. 培养学生自主学习的意识，获取信息的方法能力。

情境描述

某石化公司质检部成品站色谱分析岗，采用气相色谱法测定异丙醇纯度。首先认真研读国家标准 GB/T 7814《工业用异丙醇》，依此设计试验方案，根据标准规定准备所需仪器、材料及试剂，然后，正确使用气相色谱仪测定异丙醇纯度。

任务一　设计异丙醇纯度测定试验方案

【任务实施及步骤】

（1）查阅国家标准 GB/T 7814《工业用异丙醇》，设计试验方案。

（2）准备试验所需仪器、材料和试剂。

① 安捷伦 6820 气相色谱仪：配有氢火焰离子化检测器（配有氢气发生器）；

② 色谱数据处理机；

③ 微量注射器；

④ 氮气（载气）、氢气、经过干燥和净化的空气。

（3）确定测定异丙醇含量时色谱柱和色谱操作条件，如表 4-2 所示。

表 4-2 测定异丙醇含量时色谱柱和色谱操作条件

毛细管色谱柱	$30m \times 250\mu m \times 0.25\mu m$（柱长×柱内径×液膜厚度）
固定相	键合交联聚乙二醇-20M
柱温/℃	65
汽化室温度/℃	150
检测器温度/℃	200
载气(N_2)流量/(mL/min)	0.8～1.0
氢气流量/(mL/min)	30～50
空气流量/(mL/min)	350～400
辅助气(N_2)流量/(mL/min)	30
进样量/μL	0.5～0.8
分流比	100～1

任务二 异丙醇纯度测定

【任务实施及步骤】

（1）打开氮气发生器开关，排空，排空结束后，关闭排空开关，打开载气开关。

（2）打开色谱仪开关。

（3）打开数据处理系统，即计算机；调出异丙醇分析方法，如表 4-2 所示。

（4）等待仪器按分析方法规定条件准备就绪。

（5）调节空气、氢气、载气流速比，按点火键。

（6）待柱温、检测器温度、进样室温度恒定，计算机显示仪器准备就绪，基线呈直线。

（7）选择合适进样器，用丙酮清洗数次（最后用试样清洗 3 次），快速进样。

（8）色谱仪开始测试，数据处理系统出现色谱图（图 4-12）和分析数据。

（9）关机：

① 先灭火（关掉氢气）；

② 降温；

③ 关机；

④ 关掉载气。

（10）数据处理。

【基础知识】

一、校正因子

在一定的分离分析条件下，检测器的响应信号（峰面积 A 或峰高 h）与进入检测器的被测组分的质量（或浓度）成正比，这是色谱定量分析的依据。

同一检测器对不同物质具有不同的响应值，相同质量的不同物质得出的峰面积往往不相

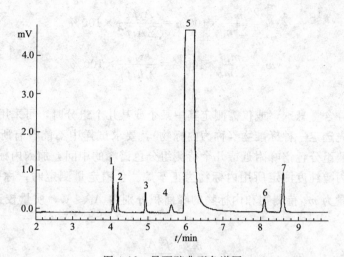

图 4-12　异丙醇典型色谱图

1—C_6 组分；2—异丙醚；3—丙酮；4—叔丁醇；5—异丙醇；6—仲丁醇；7—正丙醇

等，因此不能用峰面积直接计算物质的含量。为了使检测器产生的响应信号能真实反映出物质的含量，就要对响应值进行校正，故引入定量校正因子。定量校正因子有绝对校正因子和相对校正因子两种。

1. 绝对校正因子

在一定的色谱条件下，组分 i 的质量 m_i 或在流动相中的浓度，与检测器响应信号（峰高或峰面积）成正比：

$$m_i = f_i^A A_i$$
$$m_i = f_i^h h_i$$

式中，f_i^A、f_i^h 分别为峰面积（A_i）、峰高（h_i）的定量校正因子。

2. 相对校正因子

由于绝对校正因子不易准确测定，所以在实际分析工作中常引入相对校正因子 f_i'，即组分的绝对校正因子 f_i 与标准物质的绝对校正因子 f_s 的比值：

$$f_i' = \frac{f_i}{f_s} = \frac{m_i/A_i}{m_s/A_s} = \frac{A_s m_i}{A_i m_s} = \frac{h_s m_i}{h_i m_s}$$

相对校正因子可以自行测定，也可以通过文献、手册查得。

二、定量方法

1. 外标法（标准曲线法）

将欲测组分的纯物质配制成不同浓度的标准溶液，在一定色谱条件下获得色谱图，作峰面积或峰高与浓度的关系曲线，即为标准曲线。

测定待测组分时，应在与绘制标准曲线相同的色谱条件下进行。测得该组分的峰面积或峰高，在标准曲线上查得其浓度，求算出该组分的含量。此方法应用简便，不必用校正因子，但要求操作条件稳定、进样量要准确。

2. 归一化法

当试样中各组分均能流出色谱柱，显出色谱峰，可采用此种方法。如试样中有 n 个组分，每个组分的量分别为 m_1，m_2，m_3，…，m_n。通过测定得到峰高 h_1，h_2，h_3，…，h_n 或峰面积 A_1，A_2，A_3，…，A_n，则各组分的质量分数可按下式计算：

$$w_i = \frac{m_i}{\sum m_i} \times 100\% = \frac{A_i f_i^A}{\sum A_i f_i^A} \times 100\%$$

或

$$w_i = \frac{m_i}{\sum m_i} \times 100\% = \frac{h_i f_i^h}{\sum h_i f_i^h} \times 100\%$$

3. 内标法

试样中各组分含量悬殊，或仅需测定其中某个或某几个组分时，可采用本法。

内标法需首先选定一种标准物（称为内标物），要求试样中不能含有所选的内标物，其色谱峰应位于待测组分色谱峰附近或几个待测组分色谱峰的中间，加入内标物的量应接近待测组分的量。异丙醇纯度测定所用内标物为正辛烷。色谱定量测定时，称取试样质量 $m_{试}$，加入内标物的质量为 m_s 待测物和内标物的峰面积分别为 A_i、A_s，质量校正因子分别为 f_i^A 和 f_s^A，因为

$$\frac{m_i}{m_s} = \frac{f_i^A A_i}{f_s^A A_s}$$

所以：

$$w_i = \frac{m_i}{m_{试}} \times 100\% = \frac{m_s f_i^A A_i}{m_{试} f_s^A A_s} \times 100\%$$

内标法中常以内标物为基准，即 $f_s^A = 1.0$，则

$$w_i = \frac{m_s f_i^A A_i}{m_{试} A_s} \times 100\%$$

内标法定量准确，进样量和操作条件不必严格控制，但每次分析都要准确称取试样和内标物，比较费时。

[例4-1] 试样混合液中仅含有甲醇、乙醇和正丁醇，测得峰高分别为 8.90cm、6.20cm 和 7.40cm，已知 $f_i'^h$ 分别为 0.60、1.00 和 1.37，求各组分的质量分数。

解

峰高 h/cm	校正因子 $f_i'^h$	$hf_i'^h$
8.90	0.60	5.34
6.20	1.00	6.20
7.40	1.37	10.14
		+ —————
		21.68

$$w_{甲醇} = \frac{5.34}{21.68} \times 100\% = 24.63\%$$

$$w_{乙醇} = \frac{6.20}{21.68} \times 100\% = 28.60\%$$

$$w_{正丁醇} = \frac{10.14}{21.68} \times 100\% = 46.77\%$$

[例4-2] 苯甲酸工业粗产品纯度的测定：称取工业品苯甲酸 150mg，加入内标物正庚烷 50mg，进样后测得苯甲酸的峰面积为 176mm²，正庚烷面积为 53mm²，用正庚烷作标准测定苯甲酸的相对校正因子为 0.85，试计算苯甲酸的含量。

解

$$w_i = \frac{m_i}{m_{试}} \times 100\% = \frac{m_s f_i'^A A_i}{m_{试} f_s'^A A_s} \times 100\%$$

$$= \frac{50 \times 0.85 \times 176}{150 \times 53} \times 100\% = 94.09\%$$

【训练考核】

（1）异丙醇含量测定（归一化法）。

（2）完成此学习情境部分习题。

【考核评价】

按照表4-3考核异丙醇含量测定操作。

表 4-3　异丙醇含量测定（归一化法）操作考核

训练项目	考核要点	分值	考核标准	得分
口述操作方案	步骤顺序	15	开机顺序、气路控制顺序、关机顺序	
	归一化法	5	应用归一化法的条件	
仪器参数设置	柱温、汽化室温度、检测器温度	15	按要求设置	
	参数设置	20	是否按要求设置准确	
	进样	30	微量注射器的选择、洗涤，定容时注射器针尖朝上，检查气泡，进样手法重复性	
结果	记录填写	5	不得涂改	
	计算	5	归一化法定量计算方法，重复性	
试验管理	规范操作	5	台面整洁，仪器摆放整齐，废液处理	

柴油水分测定

学习目标

1. 了解油品中水分的来源及存在状态；
2. 掌握油品中水分的测定意义及方法；
3. 能使用水分测定器测定油品中的水分；
4. 培养学生自主学习的意识、获取信息的方法能力。

情境描述

某石化公司调度单：测定车用柴油水分。采用标准：GB/T 260《石油产品水分测定法》。首先研读试验标准、设计试验方案，按其标准规定准备试验所需的仪器设备及试剂，按标准规定量取试样、组装测定器，依据标准规定进行柴油水分测定。

任务一 设计柴油水分测定的试验方案

【任务实施及步骤】

（1）研读 GB/T 260《石油产品水分测定法》试验标准，设计试验方案。

（2）试验用仪器、设备的准备

图 5-1 水分测定装置（烧瓶、
接受器、冷凝管、加热套）

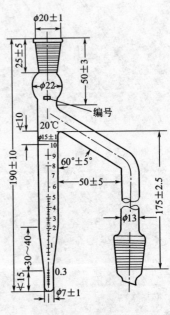

图 5-2 水分接受器

① 认识水分测定装置，如图 5-1 所示。

② 洗净并烘干圆底烧瓶，烘干无釉瓷片；

③ 准备 100mL 干净的量筒。

④ 用缠绕在铜丝上的软布，擦干冷凝管内壁。

⑤ 洗净并烘干水分接受器，如图 5-2 所示。

⑥ 准备加热套和能防热的手套及一块湿布。

（3）试验用试剂的准备　直馏汽油（或工业溶剂油）的脱水（用新煅烧并冷却的食盐或无水氯化钙脱水）和过滤。

任务二　柴油水分测定

【任务实施及步骤】

（1）将装入量不超过瓶内容积 3/4 的柴油摇动 5min，称取 100g（黏度小的试样可用量筒量取 100mL，再用此未经洗涤的量筒取 100mL 溶剂，试样重量等于试样密度乘 100 之积）加入到圆底烧瓶中。

（2）用量筒量取 100mL 经过脱水和过滤的溶剂加入到上面的圆底烧瓶中。

（3）将圆底烧瓶中的混合物仔细摇匀后，投入一些烘干的无釉瓷片。

（4）连接测定器各部件，如图 5-1 所示。

① 支管进入圆底烧瓶 15～20mm。

② 在接受器上连接直管式冷凝管，冷凝管与接受器的轴心线重合。

③ 冷凝管下端的斜口切面与接受器的支管管口相对。

④ 冷凝管的上端用棉花塞住，避免空气中的水蒸气进入冷凝管凝结。

（5）打开加热套的电源，控制好电压，防止突沸，控制回流速度，使冷凝管的斜口每秒钟滴下 2～4 滴。

（6）蒸馏将近完毕时，如果冷凝管内壁沾有水滴，应使圆底烧瓶中的混合物在短时间内进行剧烈沸腾，利用冷凝的溶剂将水滴尽量洗入接受器中。

（7）接受器中收集的水体积不再增加，而且溶剂的上层完全透明时，停止加热。

（8）圆底烧瓶冷却后，将仪器拆下，读出接受器中收集的水体积。

（9）结果计算

$$X = \frac{V\rho}{G} \times 100\%$$

式中　X——试样中水含量；

　　　V——在接受器中收集水的体积，mL；

　　　G——试样的质量，g；

　　　ρ——水的室温密度，1g/mL。

（10）分析结果报告单

① 结果大于 0.3% 报告为一位小数。

② 结果小于 0.3% 报告为两位小数。

③ 试样的水分少于 0.03%，认为是痕迹。

④ 在仪器拆卸后接受器中没有水存在，认为试样无水。

【基础知识】

一、石油产品名词

（1）直馏产品　直接从蒸馏而得的，其化学结构未发生显著改变的产品。

（2）直馏汽油　原油常压蒸馏所得的汽油组分。

（3）溶剂油　作为溶剂使用的轻质石油产品。

二、石油产品中水分的来源及存在形式

1. 来源

① 石油产品在贮存、运输、加注和使用过程中，由于容器不干燥、贮油容器密封不严或在加注过程中操作不当以及水蒸气凝结都会使其含水。

② 石油产品具有一定的溶水性。温度升高、空气湿度增大、芳香烃含量增加，会增大石油产品的溶水性。

2. 存在状态

① 悬浮水：水以细小水滴的形式悬浮于油中，形成乳浊液。可用空气流搅拌热油或用真空干燥法进行分离除去。

② 溶解水：在常温下与油形成溶液而存在于油中。其溶解量与油品化学组成及温度有关。烷烃、环烷烃及烯烃溶解水的能力较弱，芳香烃能溶解较多的水；温度越高，溶解的水越多。一般汽油、煤油、柴油和某些润滑油溶解的水很少。

③ 游离水：析出的微小水粒聚集成较大颗粒从油中沉降下来，呈油水分离状态存在。

石油产品质量指标中所说的无水，通常指没有游离水和悬浮水，溶解水很难除去。

原油大部分含有水分，其含量与产地、开采工艺、运输方式等因素有关。

三、测定水分的意义

水含量是评价石油产品质量的重要指标之一。测定水分在生产和应用中有如下意义：

① 为油品计量计算提供依据。检尺后减去含水量，可得到容器中油品的实际数量。

② 根据油品的水分含量，确定脱水方法。

③ 测定润滑脂水分可依此评定其使用性能。

四、石油产品含水的危害

① 燃料油中含水会降低其发热量。

② 燃料油中含水会使燃烧过程恶化，会溶解盐（氯化钙、氯化镁）并带入汽缸内，生成积炭，增大汽缸的磨损。

③ 燃料油中含水会降低其低温流动性能，低温使用会产生冰晶，堵塞发动机燃料系统的导管和滤清器，导致供油中断。

④ 石油产品中含水会加速油品的氧化。

⑤ 石油产品中含水会造成容器和机械的腐蚀。

⑥ 润滑油中含水会促使润滑油乳化，破坏添加剂和润滑油膜，使其性能变坏。

五、蒸馏法石油产品水分的测定

1. 测定原理

将一定量的试样与无水溶剂混合，在规定的容器中进行蒸馏，溶剂和水一起蒸出并冷凝在一个接收器中不断分离，由于水的密度比溶剂大，水在接收器的下部，溶剂返回烧瓶进行回流。根据试样的用量和蒸出水分的体积，计算试样中水分的含量。

无水溶剂的作用：其一，降低试样黏度，便于水分蒸出；其二，溶剂不断冷凝回流，可

防止过热现象，利于水分的全部带出；其三，测定润滑脂中的水分时，溶剂有溶解的作用。

2. 测定中注意事项

① 试样的水分超过 10％时，试样的重量应酌量减少，要求蒸出的水不超过 10mL。

② 回流时间不应超过 1h，停止加热后，如果冷凝管内壁仍沾有水滴，应从冷凝管上端倒入溶剂，把水滴冲进接受器，如果溶剂冲洗仍无效，就用金属丝或细玻璃棒带有橡皮或塑料头的一端，把冷凝管内壁的水滴刮进接受器中。

③ 安装时冷凝管不要用夹子夹紧，要能稍松动。

④ 接受器中溶剂呈现浑浊，而且管底收集的水少于 0.3mL 时，将接受器放入热水中浸 20～30min，使溶剂澄清，再将接收器冷却到室温，读出水的体积。

【训练考核】

（1）采用 GB/T 260 标准，测定车用柴油中的水分。

（2）完成此学习情境部分习题。

【考核评价】

按照表 5-1 考核车用柴油水分测定操作。

表 5-1　车用柴油水分测定操作考核

训练项目	考核要点	分值	考核标准	得分
准备	准备试样	5	摇动待测试样 5min，混合均匀，称量准确(100g)	
	量取溶剂	5	量取准确，观察视线正确	
	准备仪器	10	烧瓶清洗干燥，冷凝管用棉花擦干	
	安装仪器	10	支管进入圆底烧瓶 15～20mm，冷凝管与接受器的轴心线重合，冷凝管下端的斜口切面与接受器的支管管口相对，塞子缝隙涂火棉胶，冷凝管上端塞棉花	
测定	加热圆底烧瓶	5	回流速度的控制，冷凝管的斜口每秒钟滴下 2～4 滴	
	冷凝管内壁水滴的处理	5	蒸馏将近完毕，剧烈沸腾，使内壁水滴带入接受器中	
	停止加热	20	水体积不变时停止加热，回流时间在 1h 范围内，停止加热时，若冷凝管内壁仍有水滴，用金属丝把水滴刮入接受器中	
	仪器拆卸	5	冷却后拆卸仪器	
结果	读数	5	准确读数	
	计算	5	公式正确	
	精密度	15	两次测定结果体积差数不可超过接受器的一个刻度	
	记录	5	记录单整洁，无涂改	
台风	仪器，桌面	5	洗涤仪器，摆放整齐	

油品基本理化性质的测定

学习子情境一　石油及液体石油产品密度的测定

学习目标

1. 掌握石油产品密度相关的概念；
2. 掌握石油产品密度的表示方法；
3. 掌握石油产品密度的测定意义；
4. 能使用密度计测定液体石油产品密度；
5. 培养学生归纳、总结、创新意识和解决实际问题的能力。

情境描述

　　油品的理化性质是组成油品的各种化合物性质的综合表现，这些性质的测定对评价产品质量，控制石油炼制过程的工艺参数具有指导作用。这些基本理化性质——密度、闪点、燃点、自燃点和黏度等的测定，都是在特定的仪器按照规定的试验条件来测定。现有罐装汽油、煤油、柴油，某石化公司计量处要计量其质量，故检验中心需测定其密度，依据国家标准 GB/T 1884，正确使用密度计，测定油品密度；依据国家标准 GB/T 1337《原油和液体或固体石油产品密度或相对密度测定法》，正确使用密度瓶对油品进行密度测定。为符合国际标准，再将测定的视密度换算成标准密度、相对密度、相对密度指数。

任务一　设计测定石油产品密度（密度计法）的试验方案

【任务实施及步骤】

　　(1) 依据国家标准 GB/T 1884，设计试验方案。

　　(2) 认识密度计，如图 6-1、图 6-2 所示。

　　(3) 准备试验用仪器设备

　　① 密度计量筒：由透明玻璃、塑料制成，其内径至少比密度计外径大 25mm，其高度应使密度计在试样中漂浮时，密度计底部与量筒底部的间距不少于 25mm，如图 6-3 所示；

　　② 密度计；

　　③ 温度计；

　　④ 搅拌棒：长约 450mm；

　　⑤ 恒温浴：其尺寸大小应能容纳密度计量筒，使试样完全浸没在恒温浴液体表面以下，在试验期间能保持试验温度在 ±0.25℃ 以内。

　　(4) 查找相关资料，确定汽油、柴油、原油的密度，选择合适的密度计。

　　(5) 使用密度计测定石油产品的密度

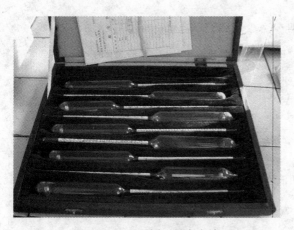

图 6-1　一组不同型号密度计

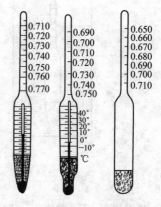

图 6-2　不同测定范围的密度计

① 在试验温度下，把试样转移到温度稳定、清洁的密度计量筒中，避免试样飞溅和生成空气泡，并要减少轻组分的挥发。

② 用一片清洁的滤纸除去试样表面上形成的所有气泡。

③ 把装有试样的量筒垂直地放在没有空气流动的地方，在整个试验期间，环境温度变化应不大于 $2℃$。当环境温度变化大于 $±2℃$ 时，应使用恒温浴，以免温度变化太大。

④ 用搅拌棒作垂直旋转运动搅拌试样，使整个量筒中试样的密度和温度达到均匀，记录温度到 $0.1℃$。

⑤ 把合适的密度计放入盛有试样的量筒中，达到平衡位置时放开，让密度计自由地漂浮，如图 6-3 所示。

⑥ 把密度计按到平衡点以下 1mm 或 2mm（注意避免弄湿液面以上的干管），在放开前，轻轻地转动一下密度计，使它能在离开量筒壁的地方静止下来自由漂浮，要有充分时间让密度计静止，并让所有气泡升到表面，读数前要除去所有气泡。

图 6-3　密度计
的测定操作

⑦ 当密度计离开量筒壁自由漂浮并静止时，读取密度计刻度值，读到刻度间隔的 1/5（读数方法透明液体见图 6-4，不透明液体见图 6-5）。

⑧ 记录密度计读数后，立即小心取出密度计，并用温度计垂直地搅拌试样，记录温度到 $0.1℃$。

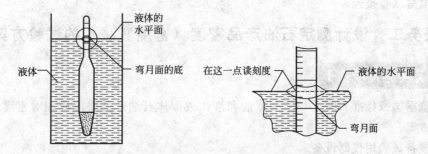

图 6-4　透明液体的密度计刻度读数

⑨ 如果两次温度相差大于 $0.5℃$，应重新读取密度计和温度计读数，直到温度变化稳定在 $±0.5℃$，如果不能得到稳定的温度，把密度计量筒及其内容物放在恒温浴内，重新操作。

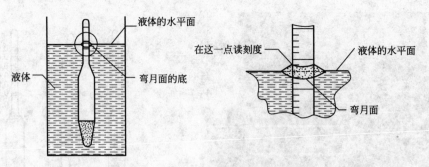

图 6-5　不透明液体的密度计刻度读数

（6）计算

① 对温度计读数做修正，记录到 0.1℃。

② 对密度计读数做弯月面修正，见表 6-6，记录到 0.0001g/mL。

③ 将修正后的密度计读数换算为标准密度，即 ρ_{20}。

（7）报告结果　密度最终结果报告到 0.0001 g/mL。

① 重复性要求见表 6-1。

表 6-1　重复性要求

石油产品	温度范围/℃	单位	重复性
透明	−2～24.5	g/mL kg/m³	0.0005 0.5
不透明	−2～24.5	g/mL kg/m³	0.0006 0.6

② 再现性要求见表 6-2。

表 6-2　再现性要求

石油产品	温度范围/℃	单位	再现性
透明	−2～24.5	g/mL kg/m³	0.0012 1.2
不透明	−2～24.5	g/mL kg/m³	0.0015 1.5

（8）填写试验报告。

任务二　设计测定石油产品密度（密度瓶法）的试验方案

【任务实施及步骤】

（1）依据国家标准 GB/T 1337《原油和液体或固体石油产品密度或相对密度测定法》，设计试验方案。

（2）准备试验用仪器设备

① 密度瓶，如图 6-6 所示；

② 恒温水浴；

③ 电子天平；

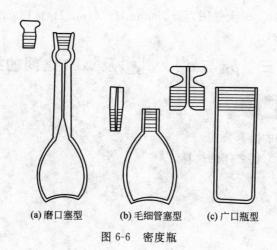

(a) 磨口塞型   (b) 毛细管塞型   (c) 广口瓶型

图 6-6 密度瓶

④ 注射器；

⑤ 加热装置；

⑥ 漏斗；

⑦ 烧杯；

⑧ 滤纸。

（3）测定密度瓶的水值

① 将密度瓶洗涤、干燥并冷却至室温。

② 称量密度瓶，称准至 0.0002g，记为 m_1（g）。

③ 用注射器将刚煮沸并冷却至 18～20℃蒸馏水，注满密度瓶至标线，盖上塞子。

④ 将盛满水的密度瓶放入（20±0.1）℃的恒温水浴中，保持 30min 以上。

注：不要浸没密度瓶塞或毛细管上端。

⑤ 待恒温，没有气泡，液面不再变动时，用滤纸吸去过剩的水。

⑥ 取出密度瓶并用滤纸将其外部仔细擦干，称准至 0.0002g，记为 m_2（g）。

⑦ 计算密度瓶水值：$m_{20}＝m_1－m_2$（g）。

注：水值应测定 3～5 次，取其平均值作为该密度瓶的水值。水值一般一年校对一次，最好在室温低于 20℃时进行。

（4）试样的准备

① 清除试样中的水。

② 去除试样中的机械杂质。

（5）称量已确定水值的洁净、干燥的密度瓶，称准至 0.0002g，记为 m_0（g）。

（6）用注射器将试样注入密度瓶，加上塞子，将其浸入在（20±0.1）℃的恒温水浴中直到顶部，保持 20min 以上。

注：不要浸没密度瓶塞或毛细管上端。

（7）待恒温、没有气泡、试样液面不再变动时，用滤纸吸去瓶塞外多余试样，取出密度瓶，将其外部仔细擦干，称准至 0.0002g，记为 m_3（g）。

（8）计算

$$\rho_{20}＝\frac{(m_3－m_0)(0.99820－0.0012)}{m_{20}}＋0.0012$$

式中　0.99820——水的 20℃密度，g/mL；

0.0012——在 20℃，大气压力为 760mmHg（1mmHg＝133.322Pa）时的空气密度，g/mL。

任务三 ρ_{20} 与 d_4^{20}、$d_{15.56}^{15.56}$ 及 °API 之间的换算

【任务实施及步骤】

（1）查找它们之间的换算公式。

（2）通过实例进行它们之间的换算。

【基础知识】

一、基本概念

1. 密度

单位体积物质的质量称为密度，符号 ρ，单位 g/mL 或 kg/m³。油品的密度与温度有关，通常用 ρ_t 表示温度 t 时油品的密度。

2. 视密度

用石油密度计在温度 t 下测得的密度（密度计读数）。

3. 标准密度

我国规定 20℃时，石油及液体石油产品的密度为标准密度。

4. 相对密度

物质在给定温度下的密度与规定温度下标准物质的密度之比。液体石油产品以纯水为标准物质，我国及东欧各国习惯用 20℃时油品的密度与 4℃时纯水的密度之比表示油品的相对密度，其符号用 d_4^{20} 表示，量纲为 1。由于水在 4℃时的密度等于 1g/mL，因此液体石油产品的相对密度与密度在数值上相等。国际标准（ISO）规定以 15.56℃的纯水为标准物质，15.56℃时油品的相对密度以 $d_{15.56}^{15.56}$ 表示，d_4^{20} 与 $d_{15.56}^{15.56}$ 可用表 6-3 中的校正值 Δd 来换算：即 $d_4^{20}=d_{15.56}^{15.56}-\Delta d$。

表 6-3 d_4^{20} 与 $d_{15.56}^{15.56}$ 换算

d_4^{20} 或 $d_{15.56}^{15.56}$	Δd	d_4^{20} 或 $d_{15.56}^{15.56}$	Δd
0.7000~0.7100	0.0051	0.8400~0.8500	0.0043
0.7100~0.7300	0.0050	0.8500~0.8700	0.0042
0.7300~0.7500	0.0049	0.8700~0.8900	0.0041
0.7500~0.7700	0.0048	0.8900~0.9100	0.0040
0.7700~0.7800	0.0047	0.9100~0.9200	0.0039
0.7800~0.7900	0.0046	0.9200~0.9400	0.0038
0.8000~0.8200	0.0045	0.9400~0.9500	0.0037
0.8200~0.8400	0.0044		

美国石油学会用相对密度指数（°API）表示油品的相对密度，°API 与 $d_{15.56}^{15.56}$ 的关系为：

$$°API=\frac{141.5}{d_{15.56}^{15.56}}-131.5$$

5. 油品密度温度系数

当油品温度变化 1℃时，其密度的变化用 γ 表示。

密度随温度的变化可用下式表示：

$$\rho_{20}=\rho_t+\gamma(t-20)$$

式中　ρ_{20}——油品在20℃时的密度，g/mL；

　　　ρ_t——油品在温度t时的密度，g/mL；

　　　γ——油品密度的温度系数，即油品密度随温度的变化率，g/(mL·℃)；

　　　t——油品的温度，℃。

油品密度温度系数见表6-4。若温度相差较大时，可根据GB/T 1885－1998《石油计量表》，由测得的温度t时油品的密度换算成标准密度。

表6-4　油品密度温度系数

$\rho_{20}/(g/mL)$	$\gamma/[\,g/(mL\cdot℃)]$	$\rho_{20}/(g/mL)$	$\gamma/[\,g/(mL\cdot℃)]$
0.700~0.710	0.000897	0.850~0.860	0.000699
0.710~0.720	0.000884	0.860~0.870	0.000686
0.720~0.730	0.000870	0.870~0.880	0.000673
0.730~0.740	0.000857	0.880~0.890	0.000660
0.740~0.750	0.000844	0.890~0.900	0.000647
0.750~0.760	0.000831	0.900~0.910	0.000633
0.760~0.770	0.000813	0.910~0.920	0.000620
0.770~0.780	0.000805	0.920~0.930	0.000607
0.780~0.790	0.000792	0.930~0.940	0.000594
0.790~0.800	0.000778	0.940~0.950	0.000581
0.800~0.810	0.000765	0.950~0.960	0.000568
0.810~0.820	0.000752	0.960~0.970	0.000555
0.820~0.830	0.000738	0.970~0.980	0.000542
0.830~0.840	0.000725	0.980~0.990	0.000529
0.840~0.850	0.000712	0.990~1.000	0.000518

二、密度计及密度瓶的选择原则

1. 石油密度计

石油密度计有SY-Ⅰ型和SY-Ⅱ型两种。其测定范围见表6-5。而使用时依据其测量精度的不同，选择不同密度计。例如，SY-Ⅰ型用于油罐计量，SY-Ⅱ型则用于生产控制分析。各型中均包括若干支测量范围不同的密度计，可依据试样密度的大小来选用。

表6-5　SY-Ⅰ型和SY-Ⅱ型密度计的测量范围

型　号			SY-Ⅰ	SY-Ⅱ
最小分度值/(g/cm³)			0.0005	0.001
测量范围	支号	1	0.6500~0.6900	0.650~0.710
		2	0.6900~0.7300	0.710~0.770
		3	0.7300~0.7700	0.770~0.830
		4	0.7700~0.8100	0.830~0.890
		5	0.8100~0.8500	0.890~0.950
		6	0.8500~0.8900	0.950~1.010
		7	0.8900~0.9300	
		8	0.9300~0.9700	
		9	0.9700~1.0100	

2. 密度瓶

密度瓶是一种瓶颈上带有标线并带塞的瓶子，其常见的规格有5mL、10mL、25mL，有磨口塞型、毛细管塞型和广口瓶型三种形式。磨口塞型：上部带有一磨口塞，中部为一毛细管，且具有膨胀室，除黏性产品外，它对各种试样都适用，多用于较易挥发的产品，如汽油等，它能防止试样的挥发。毛细管塞型：上部是一毛细管的锥形塞。它适用于不易挥发的液体，如润滑油，但不适用于黏度太高的试样。广口瓶型：上部为一带有毛细管的磨口塞，它适用于高黏度产品，如重油或固体石油产品。

三、密度计技术要求

密度计技术要求见表 6-6。

表 6-6　密度计的技术要求

型　号	单　位	密度范围	每支单位	刻度间隔	最大刻度误差	弯月面修正值
SY-02	kg/m³ (20℃)	600～1100	20	0.2	±0.2	＋0.3
SY-05		600～1100	50	0.5	±0.3	＋0.7
SY-10		600～1100	50	1.0	±0.6	＋1.4
SY-02	g/mL (20℃)	0.600～1.100	0.02	0.0002	±0.0002	＋0.0003
SY-05		0.600～1.100	0.05	0.0005	±0.0003	＋0.0007
SY-10		0.600～1.100	0.05	0.0010	±0.0006	＋0.0014

注：可以使用 SY-Ⅰ型或 SY-Ⅱ型石油密度计。

四、测定密度在生产和应用中的意义

① 测定密度可以初步确定油品的种类，如汽油 $\rho=0.7\sim0.76$kg/m³，航煤 $\rho=0.77\sim0.84$kg/m³，柴油 $\rho=0.81\sim0.84$kg/m³，润滑油 $\rho=0.87\sim0.89$kg/m³，重油 $\rho=0.91\sim0.97$kg/m³ 等。

② 测定密度可以由容器容积计量油品重量，$G=V\rho_{20}$。

③ 测定密度可以近视地评定油品质量和化学组成的变化。如在油品贮运生产过程中，发现油品密度明显增大或减小，可以判断是否混入重质油或轻质油。

从化学组成上：芳烃密度最大，环烷烃居中，烷烃最小；含胶质、沥青质多，油品密度也变大，故可根据密度大致判断油品的成分。

④ 测定密度可以判断油品的纯度。

【训练考核】

（1）叙述密度的表示方法，并进行它们之间的换算。

（2）采用密度计法测定煤油和原油的密度。

【考核评价】

按照表 6-7 考核石油产品密度测定操作。

表 6-7　石油产品密度测定（密度计法）操作考核

训练项目	考核要点	分值	考核标准	得分
准备	试样	5	摇动试样使其均匀	
		5	转移试样不能过慢,试样不可飞溅	
		5	用清洁滤纸除去气泡	
		5	要用搅拌棒或温度计垂直搅拌试样	
		10	估计试油大致密度范围,正确选取密度计	
		5	用温度计垂直搅拌后,记录温度读数	

续表

训练项目	考核要点	分值	考核标准	得分
测定	放入密度计	5	手拿密度计的位置（最高刻度线以上），垂直放入试油中	
		5	将密度计压入液体中约两个刻度再放开，杆部不能沾附过多试油	
		5	放开密度计时要轻轻转动密度计，使其离开量筒壁自由漂浮	
	读数	10	读数方法正确，修约正确	
		5	密度计读数后，需再测试样温度	
	回收密度计	5	密度计使用后，要用滤纸擦拭干净	
结果	记录	5	记录清楚，无涂改	
	修正并换算	10	密度计读数需按要求修正，视密度需换算为标准密度	
	精密度	5	符合规定	
试验管理	文明操作	10	台面整洁，仪器无破损，废液处理	

学习子情境二　石油产品闪点的测定

学习目标

1. 掌握石油产品开口闪点、闭口闪点、燃点的概念；

2. 掌握石油产品闪点的测定意义；

3. 能使用闪点测定器测定石油产品的闭口闪点和开口闪点；

4. 培养学生严谨、实事求是的工作作风。

情境描述

闪点值可用于表示在相对非挥发或可燃性物质中是否存在高挥发性或可燃性物质。闪点试验是对未知组成材料进行其他研究的第一步，也是判定其运输、贮存和操作安全系数的指标。现有出厂的成品煤油、柴油等油品，需对其进行闪点的测定，在依据国家标准 GB/T 261 设计试验方案基础上，正确组装试验仪器，严格执行试验规定条件，进行闪点测定。

任务一　设计测定柴油闭口杯闪点的试验方案

【任务实施及步骤】

（1）查阅国家标准 GB/T 261，设计测定柴油闭口杯闪点的试验方案。

（2）认识闭口杯闪点测定器，如图 6-7 所示；认识开口杯闪点测定器，如图 6-8 所示。

（3）依据试样的预期闪点选用温度计。

（4）气压计：精度 0.1kPa。

（5）试验用仪器设备及试样的准备

① 闭口杯闪点试验仪安装在无空气流的房间内（或用防护屏挡在仪器周围）（若试样产生有毒蒸气，应在单独控制空气流的通风橱内进行）。

② 试验杯的清洗：使用无铅汽油冲洗试验杯（如图 6-9、图 6-10 所示），试验杯盖及其他附件，再用清洁的空气吹干试验杯，确保除去所用溶剂。

图 6-7 闭口杯闪点测定器

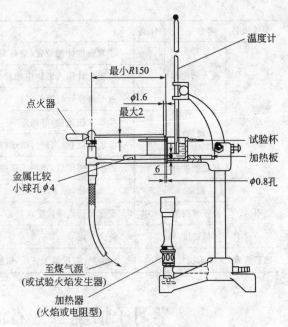

图 6-8 开口杯闪点测定器

图 6-9 闭口杯闪点试验杯

图 6-10 开口杯闪点试验杯

③ 仪器组装，如图 6-11 所示。

④ 试样水分超过 0.05％时，必须脱水。

图 6-11 试验杯与杯盖的组装

（温度计插入温度计适配器中，试验杯的周边与杯盖的内表面相接触）

脱水方法：试样中加入新煅烧并冷却的食盐、硫酸钠或无水氯化钙，脱水后，取上层澄清部分供试验使用。

（6）试验操作

① 观察气压计，记录环境大气压值。

② 将试样倒入试验杯至环状刻线。

③ 盖上试验杯盖，然后放入加热室（温度为室温），连接好锁定装置后插入温度计。

④ 点燃试验火源，将火焰直径调节为 3～4mm。

⑤ 调节加热电压，以保证试验期间：

a. 闪点低于 50℃的试样，以 1℃/min 的速率升温，且一直搅拌；

b. 闪点高于 50℃的试样开始均匀升温，到预计闪点前 40℃时，调整加热速度，使在预计闪点前 20℃时，升温速度控制在 2～3℃/min，并不断搅拌。

⑥ 在预计闪点前 10℃：

a. 闪点低于 104℃的试样，每升高 1℃进行一次点火试验；

b. 闪点高于 104℃的试样，每升高 2℃进行一次点火试验，点火时，关闭搅拌器，使火焰在 0.5s 内降到指定位置，停留 1s 立即回到原位，在试样液面上方最初出现蓝色火焰时，立即从温度计读出温度，作为闭口闪点的测定结果，再升高 1℃仍能看到闪火，否则应更换试样重新试验。

（7）闪点的修正

$$\Delta t = 0.25(101.3 - p)$$

式中　p——实际大气压，kPa；

　　　Δt——修正数。

油品闪点为观察到的闪点值加修正数，修约后以整数报结果。

（8）结果表示　修正到标准大气压（101.3kPa）下的闪点。

（9）精密度

① 重复性 r：闪点低于 104℃，允许差数 2℃；闪点高于 104℃，允许差数 6℃。

② 再现性 R：闪点低于 104℃，允许差数 4℃；闪点高于 104℃，允许差数 8℃。

（10）填写试验报告。

【训练考核】

测定航煤的闭口杯闪点。

【考核评价】

按照表 6-8 考核石油产品闭口闪点测定操作。

表 6-8　石油产品闭口闪点测定操作考核

训练项目	考核要点	分值	考核标准	得分
准备	试样及仪器的准备	10	含水试样脱水处理	
		5	试验前应洗涤并干燥试验杯	
		5	测试前试样、油杯及空气浴温度要符合规定	
		5	记录大气压	
		5	取样量准确	

续表

训练项目	考核要点	分值	考核标准	得分
测定	过程	5	控制加热速度	
		10	火焰直径、形状	
		10	点火时要停止搅拌	
		5	点火间隔时间	
		5	正确观测闪火温度	
结果	记录填写	5	项目全面、无涂改	
	结果考察	25	温度修正，精密度符合要求	
试验管理	文明操作	5	台面整洁，仪器摆放整齐，仪器无破损，废液处理正确	

任务二　设计测定润滑油开口杯闪点的试验方案

【任务实施及步骤】

（1）查阅油品开口杯闪点的测定方法，观看油品开口杯闪点的测定视频资料，设计测定润滑油开口杯闪点的试验方案。

（2）试验用仪器设备及试样的准备

① 开口杯闪点试验仪安装在无空气流的房间内（或用防护屏挡在仪器周围）（若试样产生有毒蒸气，应在单独控制空气流的通风橱内）。

② 试样水分超过0.1%时，必须脱水：试样中加入新煅烧并冷却的食盐、硫酸钠或无水氯化钙，脱水后，取上层澄清部分供试验使用。

③ 试验杯的清洗：使用无铅汽油冲洗试验杯，再放在煤气灯上加热，确保除去所用溶剂，且冷却至室温。

④ 装入试样至环状刻线，保证液面以上无试样沾壁。

⑤ 依据试样的预期闪点选用温度计。

⑥ 记录试验环境大气压，气压计：精度0.1kPa。

⑦ 仪器组装

a. 将试验杯平稳放入加热套中；

b. 将温度计垂直固定在温度计夹上，并使温度计的水银球位于试验杯中央，距液面及杯底距离大致相等。

（3）试验操作

① 加热，逐渐升高温度，在预计闪点前60℃时，调整加热速度，以保证在预计闪点前40℃时升温速度为（4±1）℃/min。

② 试样温度达到预计闪点前10℃时，将点火器的火焰（火焰直径为3～4mm）沿试验杯的内径作直线移动，经过时间为2～3s，每升高2℃重复一次点火试验。

③ 试样液面上方最初出现蓝色火焰时，立即从温度计读取温度作为闪点的测定结果，同时记录大气压。

（4）闪点的修正

$$\triangle t = (0.00015t + 0.028)(101.3 - p)7.5$$

式中　　　　　　p——实际大气压，kPa；

　　　　　　　　　　t——在试验条件下测得的闪点；

　0.00015、0.028——试验常数；

　　　　　　　7.5——大气压单位换算系数；

　　　　　　　Δt——修正数。

　　油品闪点为观察到的闪点值加修正数，修约后以整数报结果。

　　（5）结果表示　修正到标准大气压（101.3kPa）下的闪点。

　　（6）精密度

　　重复性 r：闪点低于或等于150℃，允许差数4℃；闪点高于150℃，允许差数6℃。

　　（7）填写试验报告。

【基础知识】

一、石油产品名词术语

1. 无铅汽油

不含铅抗爆剂的汽油。

2. 矿物油

天然存在的，或者从处理其他矿物原料中得到的，主要由各种烃组成的混合物。

3. 柴油

用于压燃式发动机（柴油机）中作为能源的石油燃料。

4. 润滑油

主要用于减小运动表面间摩擦力的精制油品。

5. 闪点

使用专门的仪器在规定的条件下，将可燃性液体加热，其蒸气与空气形成的混合气与火焰接触，发生瞬间闪火的最低温度，称为闪点。闪点是评价石油产品蒸发倾向和安全性的指标。

6. 闪火

闪火是微小爆炸，但并不是任何可燃气体与空气形成的混合气都能闪火爆炸，只有混合气中可燃性气体的体积分数达到一定数值时，遇火才能爆炸，过高或过低则空气或燃气不足，都不会发生爆炸。

7. 爆炸界限

可燃性气体与空气混合时，遇火发生爆炸的体积分数范围，称为爆炸界限。

在爆炸界限内，可燃气在混合气中的最低体积分数称为爆炸下限；最高体积分数称为爆炸上限。

油品的闪点就是指常压下，油品蒸气与空气混合达到爆炸下限或爆炸上限的油温。高沸点油品的闪点为其爆炸下限的油品温度。而低沸点油品，其闪点一般是指爆炸上限的油品温度。

二、测定闪点的意义

① 判断油品馏分组成的轻重，指导油品生产。

② 鉴定油品发生火灾的危险性。闪点是有火灾出现的最低温度，闪点越低，燃料越易燃烧，火灾危险性也越大，在生产、贮运和使用中，更要注意防火、防爆。实际生产中油品的危险等级就是根据闪点来划分的，闪点在45℃以下的油品称为易燃品，闪点在45℃以上的油品称为可燃品。

③ 评定润滑油质量。同时测定其开口、闭口杯闪点，可作为油品含有低沸混合物的指标。通常，开口杯闪点要比闭口杯闪点高 10～30℃。如果两者相差悬殊，则说明该油品蒸馏时有裂解现象或已混入轻质馏分或溶剂脱蜡与溶剂精制时，溶剂分离不完全。

三、闪点测定方法

闪点的测定分为闭口杯法和开口杯法，主要决定于石油产品的性质和使用条件。闭口杯法多用于轻质油品，如溶剂油、煤油等，由于测定条件与轻质油品实际贮存和使用条件相似，可以作为防火安全控制指标的依据。对于多数润滑油及重质油，尤其是在非密闭机件或温度不高的条件下使用的润滑油，它们含轻组分较少，即便有极少的轻组分混入，也将在使用过程中挥发掉，不致造成着火或爆炸的危险。所以这类油品采用开口杯法测定闪点。在某些润滑油的规格中，规定了开口杯闪点和闭口杯闪点两种质量指标，其目的是用两者之差去检查润滑油馏分的宽窄程度，以及有无掺入轻质油品成分。有些润滑油在密闭容器内使用，由于种种原因（如高速或其他原因引起设备过热，发生电流短路，电弧作用等）而产生高温，会使润滑油形成分解产物，或从其他部件掺进轻质油品成分，这些轻组分在密闭容器内蒸发聚集并与空气混合后，有着火或爆炸的危险。若只用开口杯法测定，不易发现轻油成分的存在，所以规定还要用闭口杯法进行测定。属于这类油品的有电器用油、高速机械油及某些航空润滑油等。

四、影响测定的主要因素

1. 试样含水量

含水试样加热时，分散在油中的水会汽化形成水蒸气，有时形成气泡覆盖于液面上，影响油品的正常汽化，推迟闪火时间，使测定结果偏高。水分较多的重油，用开口杯法测定闪点时，由于水的汽化，加热到一定温度时，试样易溢出油杯，使试验无法进行。

2. 加热速度

加热速度过快，试样蒸发迅速，会使混合气局部浓度达到爆炸下限而提前闪火，导致测定结果偏低；加热速度过慢，测定时间将延长，点火次数增多，消耗了部分油气，使到达爆炸下限的温度升高，则测定结果偏高。因此，必须严格按标准控制加热速度。

3. 点火的控制

点火用的火焰大小、与试油液面的距离及停留时间都应按国家标准规定执行。若球形火焰直径偏大，与液面距离较近，停留时间过长都会使测定结果低；反之，结果偏高。

4. 试样的装入量

按要求杯中试样要装至环形刻线处，装入量过多或过少都会改变液面以上的空间高度，进而影响油蒸气和空气混合的浓度，使测定结果不准确。

5. 大气压力

油品的闪点与外界压力有关。气压低，油品易挥发，闪点有所降低；反之，闪点则升高。标准中规定以 101.3kPa 为闪点测定的基准压力。若有偏离，需作压力修正。

👉【知识拓展】

石油产品在贮存、运输、生产过程中，其发生火灾危险的可能性可以由油品闪点判定，除此之外，油品的燃点、自燃点的高低也是油品存在火灾危险性的标志。

何谓燃点、自燃点？

在测定油品开口杯闪点后继续提高温度，在规定条件下可燃混合气能被外部火焰引燃，并连续燃烧不少于 5s 时的最低温度称为燃点，通常称为开口杯法燃点。

　　将油品加热到很高的温度后，再使之与空气接触，无需引燃，油品即可因剧烈氧化而产生火焰自行燃烧，这就是油品的自燃现象，能发生自燃的最低油温，称为自燃点。

　　燃点测定，在测得试样的开口杯闪点后，继续加热，使试样升温速度为（4±1）℃/min，与开口杯闪点点火试验方法相同，进行点火试验，如果试样接触火焰后立即着火并能持续燃烧不少于5s，此时立即从温度计读出温度，即为燃点的测定结果。燃点的修正与开口杯闪点相同。

【训练考核】

　　测定润滑油开口杯闪点。

【考核评价】

　　按照表6-9考核石油产品开口杯闪点测定操作。

表6-9　石油产品开口杯闪点测定操作考核

训练项目	考核要点	分值	考核标准	得分
准备	试样及仪器的准备	5	含水试样脱水处理	
		5	试验前应洗涤并干燥试验杯	
		5	测试前试样、油杯及空气浴温度要符合规定	
		5	记录大气压	
		5	取样量准确，试样表面不能有气泡，仪器外边不能沾有试样	
测定	测定过程	5	控制加热速度	
		10	火焰直径、形状正确	
		10	火焰扫划时间、位置正确	
		5	点火间隔时间正确	
		5	正确观测闪火温度	
结果	记录填写	5	项目全面、无涂改	
	结果考察	25	温度修正，精密度符合要求	
试验管理	文明操作	10	台面整洁，仪器摆放整齐，仪器无破损，废液处理正确	

学习子情境三　石油产品黏度的测定

学习目标

1. 掌握石油产品黏度的概念及表示方法；

2. 掌握石油产品黏度的测定意义；

3. 能使用黏度测定器测定石油产品的运动黏度和恩氏黏度；

4. 培养学生严谨、一丝不苟、团队合作的精神。

情境描述

　　黏度是工艺计算的重要参数，是润滑油、柴油等油品的重要质量指标，现有出厂的成品煤油、柴油、润滑油，需依据国家标准GB 265设计试验方案，正确操作试验用仪器和设备，严格执行试验标准，对石油产品进行黏度测定。

任务一 设计测定煤油运动黏度的试验方案

【任务实施及步骤】

(1) 查阅国家标准 GB 265，设计测定油品运动黏度的试验方案。

(2) 认识运动黏度测定仪器，如图 6-12 所示；认识毛细管黏度计，如图 6-13 所示。

图 6-12 运动黏度测定器（恒温浴并附带
搅拌装置、电热装置且可恒定温度）

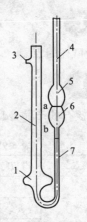

图 6-13 毛细管黏度计
1,5,6—扩张部分；2,4—管身；3—支管；7—毛细管；a,b—标线

注：毛细管黏度计按内径分为：0.4mm、0.6mm、0.8mm、1.0mm、1.2mm、1.5mm、2.0mm、2.5mm、3.0mm、3.5mm、4.0mm、5.0mm、6.0mm 等规格，13 支为一组。其中 0.8mm、1.0mm、1.2mm、1.5mm 为常用规格。

(3) 试验用仪器设备及试样的准备

① 向恒温浴透明桶中注入符合规定的液体（按表 6-10 的要求）。

表 6-10　在不同温度下使用的恒温浴液体

测定的温度/℃	恒温浴液体
50～100	透明矿物油、甘油、25%的硝酸铵水溶液
20～50	水
0～20	水与冰的混合物、乙醇与干冰的混合物
0～−50	无铅汽油

② 选择符合规定的毛细管黏度计

a. 试样流动时间不少于 200s，内径 0.4mm 的黏度计流动时间不少于 350s；

b. 洗涤毛细管黏度计：用溶剂油或石油醚洗涤，如果沾有污垢，需用铬酸洗液、水、蒸馏水或 95%的乙醇依次洗涤，然后放在烘箱烘干或通过棉花滤过的热空气吹干。

③ 准备计时用秒表。

④ 试样含水或机械杂质时，必须脱水并过滤。

⑤ 向毛细管内装入试样，如图 6-14 所示，用洗耳球将试样吸到标线 b，不要使管身 4 及扩张部分中的液体产生气泡，当液面达到 b 时，从容器中提起黏度计，恢复其正常状态，同时将管身 4 的管身外壁所沾的多余试样擦去，并从管身 3 取下橡皮管套在管身 4 上。

⑥ 将装有试样的黏度计浸入恒温浴中，并用夹子固定在支架上，毛细管的扩展部分 5

浸入一半。

⑦ 选择合适的温度计，并用另一支夹子固定，使水银球的位置接近毛细管中央点的水平面，且使温度计上要测温的刻度位于恒温浴的液面上 10mm 处。

⑧ 将黏度计调整为垂直状态，利用铅垂线从两个相互垂直的方向检查毛细管的垂直情况，如图 6-15 所示。

图 6-14 试样的装入操作

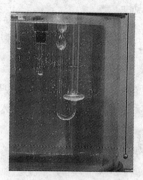

图 6-15 黏度计调节垂直操作

⑨ 将恒温浴调整到规定温度，把装好试样的黏度计浸在恒温浴内，达到规定时间（见表 6-11 的要求）试验温度保持恒定到±0.1℃。

表 6-11 黏度计在恒温浴中的恒温时间

试验温度/℃	恒温时间/min	试验温度/℃	恒温时间/min
80,100	20	20	10
40,50	15	0～－50	15

（4）试验操作

① 利用毛细管黏度计管身 4 口所套橡皮管将试样吸入扩张部分 6，使液面稍高于标线 a，注意不要让毛细管和扩张部分 6 的液体产生气泡或裂隙。

② 观察试样在管身中的流动情况，当液面正好到达标线 a 时，开动秒表，液面正好流到标线 b 时，停止秒表。

③ 重复测定至少 4 次，其中各次流动时间与其算术平均值的差数应符合要求（见表 6-12）。

表 6-12 测定值与算术平均值的差数

试验温度/℃	与算术平均值的差数允许值	试验温度/℃	与算术平均值的差数允许值
100～15	算术平均值×±0.5%	低于－30	算术平均值×±2.5%
15～－30	算术平均值×±1.5%		

（5）取不少于三次的流动时间所得的算术平均值，作为试样的平均流动时间。

（6）计算 试样运动黏度计算式：

$$v_t = c\tau_t$$

式中 c——黏度计常数，mm^2/s^2；

τ_t——试样的平均流动时间，s。

（7）精密度

① 重复性：不能超过表 6-13 的要求数值。

表 6-13　重复性

试验温度/℃	重复性/%	试验温度/℃	重复性/%
100～15	算术平均值的 1.0	－30～－60	算术平均值 5.0
15～－30	算术平均值的 3.0		

② 再现性

测定黏度的温度/℃　　　　　　　　　　　　再现性/%

100～15　　　　　　　　　　　　　　　不可超出算术平均值的 2.2

(8) 填写试验报告单

① 黏度测定结果的数值，取四位有效数字。

② 取重复测定两个结果的算术平均值，作为试样的运动黏度。

【训练考核】

测定航煤 20℃的运动黏度。

【考核评价】

按照表 6-14 考核航煤运动黏度的测定操作。

表 6-14　航煤运动黏度（20℃）的测定操作考核

训练项目	考核要点	分值	考核标准	得分
准备	试样及黏度计的准备	5	检查黏度计,符合规定流动时间	
		5	试样脱水和过滤处理	
		5	恒温浴恒定到(20±0.1)℃	
		5	装入试样的手法	
		5	黏度计外壁沾有的试样要擦去	
		5	温度计安装的位置要正确	
测定	测定过程	5	用铅垂线将黏度计调成垂直状态	
		10	恒温时间符合规定	
		10	测定试样不能产生气泡和裂隙	
		5	液面位置与记录时间	
	记录填写	5	项目全面、无涂改	
结果	结果考察	5	用四次流动时间计算平均值	
		5	各次流动时间与算术平均值差数符合要求	
		10	计算公式正确,计算结果正确	
		10	精密度符合要求	
试验管理	文明操作	5	台面整洁,仪器摆放整齐,废液处理正确	

任务二　设计测定润滑油恩氏黏度的试验方案

【任务实施及步骤】

(1) 查阅油品恩氏黏度测定资料，观看视频，设计测定润滑油恩氏黏度的试验方案。

（2）认识恩氏黏度计，如图6-16、图6-17所示。

图6-16 恩氏黏度计（附带恒温装置）

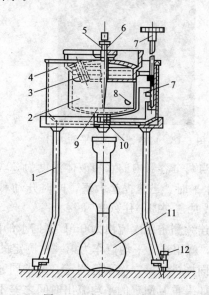

图6-17 恩氏黏度计结构

1—铁三脚架；2—内容器；3—温度计插孔；4—外容器；
5—木塞插孔；6—木塞；7—搅拌器；8—小尖针；9—球
面形底；10—流出孔；11—接受瓶；12—水平调节螺钉

（3）试验用仪器设备及试样的准备
① 计时用秒表：分度值0.2s；
② 电加热装置；
③ 两支温度计；
④ 石油醚或清洁的溶剂油；
⑤ 试样用每平方厘米至少576个孔眼的金属滤网过滤，除去机械杂质，如果含水，需脱水。

（4）测定黏度计水值
① 依次用石油醚（或乙醚）、95％乙醇和蒸馏水洗涤内容器，用空气吹干。
② 依次用铬酸洗液、水和蒸馏水仔细洗涤接受瓶。
③ 安装黏度计，如图6-16所示。
④ 将20℃的蒸馏水注入内容器中，直至内容器中的三个尖钉刚刚露出水面为止，如图6-18所示。
⑤ 将相同温度的水注入外容器中，直至浸到内容器的扩大部分为止。
⑥ 调节铁三脚架的调整螺钉，使内容器中三个尖钉的尖端处于同一水平面上。
⑦ 将洗净的接受瓶放在内容器的流出管下面，稍微提起木塞，使内容器中的水全部放入接受瓶内，此时流出管内要装满水，并使流出管底端悬着一大滴水珠，如图6-19所示。
⑧ 立即将木塞插入流出管内，重新将接受器中的水沿玻璃棒注入内容器中，切勿溅出，随后，将空接受瓶放在内容器上倒置1～2min，使瓶中的水完全流出，然后将接受瓶放回流出管下面。
⑨ 充分搅拌内容器中的水（将插有温度计的盖围绕木塞旋转）和外容器中的液体（利用安装在外容器内的搅拌器）。

图 6-18　内容器调节水平的尖钉

图 6-19　流出管底端

⑩ 当两个容器内的水和液体温度为 20℃（5min 内温度差数在±0.2℃范围内），内容器调整为水平时，迅速提起木塞，同时开动秒表，观察接受瓶，当凹液面的下边缘到 200mL 环状标线时，立即停住秒表。

⑪ 连续测定四次流出 200mL 蒸馏水的时间，如果各次测定结果与其平均值的差数不大于 0.5s，就用这个平均值作为第一次测定的平均流出时间。

⑫ 同样进行第二次平行测定，要求同⑪。

⑬ 如果重复测定的平均流出时间之差不大于 0.5s，就取这重复测定的两次结果的算术平均值作为水值，其符号为 K_{20}。

⑭ 标准黏度计的水值应等于（51±1）s，否则不允许使用该黏度计。

（5）黏度测定操作

① 用滤过的清洁溶剂油洗涤黏度计的内容器及其流出管，然后用空气吹干，内容器不准擦拭，只允许用剪齐边缘的滤纸吸去剩下的液滴。

② 将预先加热到稍高于规定温度的试样注入内容器，试样不能产生气泡，注入的液面稍高于尖钉的尖端。

③ 向外容器内注入水（测定温度在 80℃以下）或润滑油（测定温度在 80～100℃时），该液体应预先加热到稍高于规定温度。

④ 当内容器中的试样温度恰好达到规定温度，保持 5min，内容器中试样温度恒定在±0.2℃，记录外容器内液体温度，在测定过程中保持外容器内液体温度恒定在±0.2℃（可以用搅拌器搅拌外容器中的液体，必要时可以用电加热装置稍微加热外容器）。

⑤ 调节平衡，直至三支尖钉的尖端刚好露出油面为止，油中不要留有气泡。

⑥ 黏度计加盖，在流出孔下面放置洁净、干燥的接受瓶，然后绕着木塞旋转插有温度计的盖，利用温度计搅拌试样。

⑦ 试样中的温度计恰好达到规定温度时，再保持 5min（停止搅拌），就迅速提起木塞，同时启动秒表，木塞提起的位置与测定水值时相同（不能拔出木塞），当接受瓶中试样正好达到 200mL 的标线时，立即停止秒表，读取试样流出时间，准确至 0.2s。

（6）结果计算。

（7）精密度　要求见表 6-15。

表 6-15　不同流出时间重复性要求

流出时间/s	重复性/s	流出时间/s	重复性/s
≤250	1	501～1000	5
251～500	3	>1000	10

（8）填写试验报告单　取重复测定两个结果的算术平均值，作为试样的恩氏黏度。

【基础知识】

一、黏度的表示方法

1. 动力黏度

动力黏度简称黏度,它是流体的理化性质之一,是衡量流体黏性大小的物理量。当流体在外力作用下运动时,相邻两层流体分子间存在的内摩擦力将阻滞流体的流动,这种特性称为流体的黏性。根据牛顿黏性定律,可以阐明黏度的定义:

$$F = \mu S \frac{\mathrm{d}v}{\mathrm{d}x}$$

式中　F——相邻两层流体作相对运动时产生的内摩擦力,N;

　　　S——相邻两层流体的接触面积,m^2;

　　$\mathrm{d}v$——相邻两层流体的相对运动速度,m/s;

　　$\mathrm{d}x$——相邻两层流体的距离,m;

　$\dfrac{\mathrm{d}v}{\mathrm{d}x}$——在与流动方向垂直方向上的流体速率变化率,称为速度梯度,s^{-1};

　　　μ——流体的黏滞系数,又称动力黏度,简称黏度,Pa·s。

符合牛顿黏性定律的流体称为牛顿型流体。大多数石油产品在浊点温度以上都属牛顿型流体。

2. 运动黏度

某流体的动力黏度与该流体在同一温度和压力下的密度之比,称为该流体的运动黏度。

$$\nu_t = \frac{\mu_t}{\rho_t}$$

式中　ν_t——油品在温度 t 时的运动黏度,m^2/s;

　　　μ_t——油品在温度 t 时的动力黏度,Pa·s;

　　　ρ_t——油品在温度 t 时的密度,kg/m^3。

在某一规定温度,使用毛细管黏度计测定的运动黏度,可用下式计算:

$$\nu_t = C\tau_t$$

式中　ν_t——在温度 t 时,试样的运动黏度,mm^2/s;

　　　τ_t——在温度 t 时,试样的平均流动时间,s;

　　　C——毛细管黏度计常数,m^2/s^2。

[**例6-1**] 黏度计常数为 $0.4780mm^2/s^2$,试样在50℃时的流动时间为318.0s,322.4s,322.6s 和321.0s,求该试样在50℃时的运动黏度。

$$\tau_{50} = \frac{318.0 + 322.4 + 322.6 + 321.0}{4} = 321.0 \text{ (s)}$$

各次流动时间与平均流动时间的允许差数为 $321.0 \times 0.5\% = 1.6$ (s)

318.0s 与算术平均值之差超过了 1.6s,故此数应该舍弃。所以,平均流动时间为:

$$\tau_{50} = \frac{322.4 + 322.6 + 321.0}{3} = 322.0 \text{ (s)}$$

试样运动黏度测定结果为:

$$\nu_{50} = C\tau_{50} = 0.4780 \times 322.0 = 154.0 \text{ (}mm^2/s\text{)}$$

3. 恩氏黏度

试样在规定温度下,从恩氏黏度计中流出 200mL 所需要的时间与该黏度计的水值之比称为恩氏黏度。其中水值是指 20℃时从同一黏度计流出 200mL 蒸馏水所需的时间。恩氏黏度的单位为条件度，用符号°E 表示。

恩氏黏度可用下式计算：

$$E_t = \frac{\tau_t}{K_{20}}$$

式中　E_t——试样在温度 t 时的恩氏黏度，°E；

　　　τ_t——试样在温度 t 时，从黏度计流出 200mL 所需的时间，s；

　　　K_{20}——黏度计的水值，s。

二、影响油品黏度的因素

影响油品黏度的因素主要有油品的化学组成、相对分子质量、温度和压力等。

1. 化学组成

黏度是与流体性质有关的物性参数，它反映了液体内部分子间的摩擦，因此它与流体的化学组成密切相关。当碳原子数相同时，各种烃类黏度大小排列的顺序是：

正构烷烃＜异构烷烃＜芳香烃＜环烷烃

且黏度随环数的增加及异构程度的增大而增大。在油品中，石油馏分越重，其黏度越大。

2. 温度

温度对油品的黏度影响很大。温度升高，所有石油馏分的黏度都减小；反之，温度降低时，油品的黏度都增大。因此，测定油品黏度按规定要保持恒温，否则，哪怕是极小的温度波动，也会使黏度测定结果产生较大的误差。

油品黏度随温度变化的性质，称为油品的黏温特性（或黏温性质）。为正确评价油品的黏温性质，在生产和使用中常用黏度比（ν_{50}/ν_{100}）和黏度指数（VI）表示油品的黏温性质。

① 油品在两个不同温度下的黏度之比，称为黏度比。通常用 50℃和 100℃时的运动黏度比值（ν_{50}/ν_{100}）来表示。比值越小，黏温性越好。

② 黏度指数（VI）是衡量油品黏度随温度变化的一个相对比较值。用黏度指数表示油品的黏温特性是国际通用的方法。黏度指数越高，表示油品的黏温特性越好。

根据国际标准化组织（ISO）的具体要求，GB/T 1995—1998《石油产品黏度指数计算法》中规定，人为地选定两种油作为标准，其一为黏温性质很好的 H 油，黏度指数规定为 100；另一种为黏温性质差的 L 油，其黏度指数规定为 0。将这两种油分成若干窄馏分，分别测定各馏分在 100℃和 40℃时的运动黏度，然后在两种数据中，分别选出 100℃运动黏度相同的两个窄馏分组成一组，列成表格，详见 GB/T 1995—1998 或各类石油化工计算图表集，本书仅选部分数据列于表 6-16。

欲确定某一油品的黏度指数时，先测定其在 40℃和 100℃时的黏度，然后在表中找出 100℃时与试样黏度相同的标准组。当试样的黏度指数小于 100 时，按下式计算黏度指数：

$$VI = \frac{L-U}{L-H} \times 100 = \frac{L-U}{D} \times 100$$

式中　VI——试样的黏度指数；

　　　L——与试样在 100℃时的运动黏度相同，黏度指数为 0 的标准油在 40℃时的运动黏度，mm^2/s；

　　　H——与试样在 100℃时的运动黏度相同，黏度指数为 100 的标准油在 40℃时的运动黏度，mm^2/s；

　　　U——试样在 40℃时的运动黏度，mm^2/s。

表 6-16　一些标准油的运动黏度数据

运动黏度(100℃)/(mm²/s)	运动黏度(40℃)/(mm²/s)		
	L	$D=L-H$	H
7.80	95.43	38.12	57.31
7.90	97.72	39.27	58.45
8.00	100.0	40.40	59.60
8.10	102.3	41.57	60.74
8.20	104.6	42.72	61.89
8.30	106.9	43.85	63.05
8.40	109.2	45.01	64.18
8.50	111.5	46.19	65.32
8.60	113.9	47.40	66.48
8.70	116.2	48.57	67.64
8.80	118.5	49.75	68.79
8.90	120.9	50.96	69.94
9.00	123.3	52.20	71.10

[例 6-2]　已知某试样在 40℃和 100℃时的运动黏度分别为 73.3 mm²/s 和 8.86 mm²/s，求该试样的黏度指数。

解　由 100℃时的运动黏度 8.86 mm²/s，查表 6-16 并用内插法计算得：

$$L=118.5+\frac{8.86-8.80}{8.90-8.80}\times(120.9-118.5)=119.94$$

$$D=49.75+\frac{8.86-8.80}{8.90-8.80}\times(50.96-49.75)=50.48$$

则

$$VI=\frac{L-U}{D}\times100=\frac{119.94-73.30}{50.48}\times100=92.39$$

$$VI=92$$

黏度指数的计算结果，要求用整数表示，如果计算值恰好在两个整数之间，应修约为最接近的偶数。例如，89.5 应报告为 90。

另外，还可以根据试样的 ν_{50} 和 ν_{100}，通过 GB/T 1995 附录 A 中所给的黏度指数计算图（见图 6-20），直接查出黏度指数。该方法简便、快捷、比较准确。其应用范围是 2.5mm²/s $<\nu_{100}<$65mm²/s，40$<$VI$<$160。

使用黏度指数计算图时，应先根据试样在 100℃时运动黏度的大小选图，然后在图的横坐标和纵坐标上分别找出 50℃和 100℃运动黏度所对应的点，用直尺通过该点分别对横坐标和纵坐标作垂直线，两条直线的相交点所对应的黏度指数，即为所求。

[例 6-3]　已知试样在 50℃和 100℃时的运动黏度分别为 26.00mm²/s 和 6.700mm²/s，计算黏度指数。

解　从试样 100℃时的运动黏度数值看出，可以使用黏度指数计算图计算。由图 6-20(c)的纵横坐标分别对试样 50℃和 100℃运动黏度数值作垂直线，其交点对应的黏度指数为 130，即该试样的黏度指数为 130。

如果图中没有标出试样在 50℃和 100℃时的运动黏度数值，或查出的黏度指数值在图上没有标出，可以采用内插法求出。

三、测定油品黏度的意义

① 划分润滑油牌号。一些种类的润滑产品是以油品的运动黏度值划分牌号的。

② 黏度是润滑油的主要质量指标，它对发动机的启动性能、磨损程度、功率损失和工作效率等都有直接的影响。只有选用黏度合适的润滑油，才能保证发动机具有稳定可靠的工作状况，达到最佳的工作效率，并延长使用寿命。

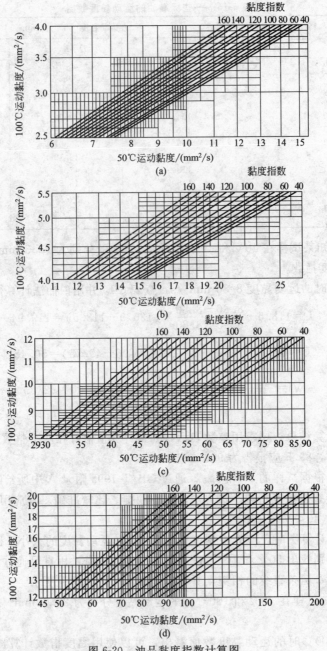

图 6-20　油品黏度指数计算图

③ 黏度是工艺计算的重要参数。

④ 根据润滑油黏度，指导工业生产。

⑤ 黏度是润滑油、燃料油贮运输送的重要参数，当油品黏度随温度降低而增大时，会使输油泵的压力降增大，泵效下降，输送困难。一般在低温条件下，可采取加温预热降低黏度或提高泵压的办法，以保证油品的正常输送。

⑥ 黏度是喷气燃料的重要质量指标，黏度对喷气式发动机燃料的雾化、供油量和燃料泵润滑等有着重要的影响。

⑦ 黏度是柴油的重要质量指标，黏度是保证柴油正常输送、雾化、燃烧及油泵润滑的

重要质量指标。黏度过大，油泵效率降低，发动机的供油量减少，同时喷油嘴喷出的油射程远，油滴颗粒大，不均匀，雾化状态不好，与空气混合不均匀，燃烧不完全，甚至形成积炭。黏度过小，则影响油泵润滑，加剧磨损，而且喷油过近，造成局部燃烧，同样会降低发动机功率。因此柴油质量标准中对黏度范围有明确的规定。

【训练考核】

（1）测定恩氏黏度计的水值。
（2）完成此学习情境部分习题。

【考核评价】

按照表 6-17 考核恩氏黏度计水值的测定操作。

表 6-17　恩氏黏度计水值的测定操作考核

训练项目	考核要点	分值	考核标准	得分
准备	器皿及仪器的准备	5	按要求洗涤内容器	
		5	按要求洗涤接受瓶	
		5	正确安装黏度计及其他器皿	
		5	新蒸馏的蒸馏水要冷却至 20℃	
		5	蒸馏水注入内容器中，三个尖钉的尖端应该刚好露出水面	
		5	装在外容器中的相同温度的水应浸到内容器的扩大部分	
		5	调整铁三脚架螺钉，使三个尖钉的尖端处于同一水平面上	
测定	测定水值	5	木塞不能拔出来	
		5	流出管内要充满水，在底端应有一大滴水珠	
		5	立即将木塞插入流出管内	
		5	重新将接受瓶中的水沿玻璃棒注入内容器	
		5	将空接受瓶放在内容器上倒置 1～2min，放回原位	
		5	充分搅拌内、外容器内的水，保持温度恒定	
		5	拔出木塞与启动秒表同步	
		5	体积读数准确	
结果	结果考察	10	计算公式正确	
		5	水值在 (51±1)s 内	
		5	精密度符合要求	
		5	计算公式正确，计算结果正确	

学习情境七

石油产品蒸发性能的测定

学习子情境一　石油产品馏程的测定

学习目标

1. 掌握油品蒸发性能的评定方法及测定意义；
2. 掌握油品馏程相关概念；
3. 能使用恩氏馏程测定器测定油品馏程；
4. 培养学生环保意识、安全意识和规范操作意识。

情境描述

石油产品的蒸发性能主要通过馏程、饱和蒸气压等指标来评定，这些指标可以预测油品在使用过程中能否正常燃烧，在运输和贮存时的蒸发损失倾向和其安全性，也是油品的重要质量指标。现有车用汽油、车用柴油，需对其蒸发性能进行评价，故检验中心需依据国家标准 GB/T 6536，设计其馏程测定方案，在教师指导下掌握仪器及设备的组装、操作方法，在此基础上对其馏程进行测定。

任务一　设计测定油品恩氏馏程的试验方案

【任务实施及步骤】

（1）研读国家标准 GB/T 6536《石油产品馏程测定法》，设计试验方案。

（2）试验用仪器、设备及试样的准备

① 认识恩氏馏程测定器，如图 7-1 所示。

② 准备秒表、温度计和大气压计。

③ 冷凝管用缠在铜丝或铝丝上的软布擦拭内壁，除去上次蒸馏剩下的液体。

④ 蒸馏汽油时，设定冷凝系统水槽温度在 0～5℃，如果蒸馏其他油品时，流出水的温度不高于 30℃，蒸馏蜡质液体燃料时，需控制水温在 50～70℃ 之间。

⑤ 试样脱水（采用新煅烧并冷却的食盐或无水氯化钙脱水，沉淀后方可取样）。

⑥ 洗涤蒸馏烧瓶（用轻质汽油洗涤后，再用空气吹干，必要时用铬酸洗液或碱洗液除去烧瓶中的积炭）。

⑦ 用清洁、干燥的 100mL 量筒，量取温度为 13～18℃ 的汽油或航煤，室温 ±3℃ 的柴油，试样 100mL，注入蒸馏烧瓶中，如图 7-2 所示，液体不能流入支管内，量筒中液体的体积按凹液面的下边缘计算，观察时眼睛要保持与液面在同一水平面上。

⑧ 安装插有温度计的软木塞，使温度计位置，如图 7-3 所示。

⑨ 按照规定选择不同石棉垫。

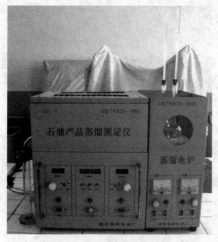
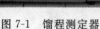

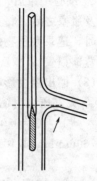

图 7-1　馏程测定器　　　　图 7-2　试样注入蒸馏瓶的操作　　图 7-3　温度计安装位置

⑩ 烧瓶支管插入冷凝管内的长度要达到 25～40mm，但不能与冷凝管内壁接触。

⑪ 在软木塞的连接处均涂上火棉胶。

⑫ 将量过试样的量筒不需干燥，直接放在冷凝管下面，并使冷凝管下端插入量筒中不得少于 25mm，也不得低于量筒标线，量筒口部要用棉花塞好，才能蒸馏。

⑬ 蒸馏汽油时，量筒要浸在装着水的高型烧杯中，烧杯中的液面要高出 100mL 量筒标线，量筒的底部要压有重物，以防量筒浮起。在蒸馏过程中，高型烧杯中的水温应保持在 13～18℃。

任务二　车用汽油恩氏馏程的测定

【任务实施及步骤】

（1）测定操作

① 按要求安装好试验仪器及附属设备，如图 7-1 所示。

② 记录大气压力，然后开始对蒸馏烧瓶均匀加热，冷凝管下端不能靠在量筒内壁上。

③ 蒸馏汽油或溶剂油时，从加热开始到冷凝管下端滴下第一滴馏出液所经过的时间为 5～10min（蒸馏航空汽油 7～8min，蒸馏喷气燃料、煤油、轻柴油 10～15min，蒸馏重柴油或重质油料 10～20min）。

④ 第一滴馏出液从冷凝管滴入量筒时，记录此时温度作为初馏点。

⑤ 达到初馏点之后，移动量筒，使其内壁接触冷凝管末端，让馏出液沿着量筒内壁流下，此后，蒸馏速度要均匀，保持在 4～5mL/min（相当于 20～25 滴/10s）。

⑥ 在蒸馏过程中，按试样的技术标准要求记录初馏点、5%、10%、45%、50%、85%、90%、终馏点等不同馏出体积分数的温度。

⑦ 终馏点、干点的控制（在蒸馏汽油或溶剂油的过程中，当量筒中的馏出液达到 90mL 时，允许对加热强度作最后一次调整，要求在 3～5min 内达到干点，如果要求终馏点而不要求干点时，应在 2～4min 内达到终馏点）。

⑧ 如果试样的技术标准规定有干点的温度，那么对蒸馏烧瓶的加热要达到温度计的水银柱停止上升而开始下降时为止，同时记录温度计所指示的最高温度作为干点，在停止加热

后，让馏出液流出 5min，就记录量筒中液体的体积。

（2）结果

① 蒸馏时，所有读数都要精确至 0.5mL 和 1℃；

② 试验结束后，取出上罩，让蒸馏烧瓶冷却 5min 后，从冷凝管卸下蒸馏烧瓶，卸下温度计及瓶塞之后，将蒸馏烧瓶中热的残留物仔细地倒入 10mL 的量筒内，待量筒冷却到13～18℃时，记录残留物的体积 V，精确至 0.1mL，试样 100mL－馏出液体体积 V 所得之差，就是蒸馏损失。

（3）馏出温度影响的修正

① 大气压力对馏出温度影响的修正数 C

$$C=0.00012(760-p)(273+t) \text{ 或 } C=0.0009(101.3-p)(273+t)$$

760mmHg 或 101.3kPa 时的数据 t_0 为

$$t_0 = t + C$$

式中　p——实际大气压力，mmHg、kPa；

　　　t——温度计读数，℃

② 蒸馏损失量的修正，计算蒸发温度

$$T = T_L + \frac{(T_H - T_L)(R - R_L)}{R_H - R_L}$$

式中　T——蒸发温度，℃；

　　R——对应于规定的蒸发百分数的回收体积分数，%；

　R_L——邻近并低于 R 的回收体积分数，%；

　R_H——邻近并高于 R 的回收体积分数，%；

　T_H——在 R_H 时观察到的温度计读数，℃；

　T_L——在 R_L 时观察到的温度计读数，℃；

（4）精密度　平行测定两个结果允许有如下的差数：

① 初馏点是 4℃；

② 干点和中间馏分是 2℃ 和 1mL；

③ 残留物是 0.2mL。

（5）测试结果　试样的馏程用各馏程规定的平行测定结果的算术平均值表示。

【基础知识】

一、石油产品名词术语

1. 馏程

油品在规定的条件下蒸馏，从初馏点到终馏点这一温度范围，叫做馏程。

2. 初馏点

油品在规定的条件下进行馏程测定中，当第一滴冷凝液从冷凝管的末端落下的一瞬间所记录的温度，以℃表示。

3. 终馏点

油品在规定的条件下进行馏程测定中，其最后阶段所记录的最高温度，以℃表示。

4. 干点

油品在规定的条件下进行馏程测定中，烧瓶底部最后一滴液体汽化一瞬间所记录的温度，以℃表示。

二、测定馏程的意义

1. 馏程是装置生产操作控制的依据

精馏装置生产操作条件的调控是以馏出物的馏程数据为基础的。

2. 根据馏程可以评定汽油发动机燃料的蒸发性能，判断其使用性能

① 10％馏出温度可以判断汽油中轻组分的含量，它反映汽油发动机燃料的低温启动性能和形成气阻的倾向。因此汽油规格中规定 10％馏出温度不能高于 70℃。在相同的气温条件下，汽油 10％馏出温度越低，所需启动的时间越短，耗油越少。

但是，汽油中轻组分过多时，易在输油管内产生气阻，中断燃料供应，影响发动机的正常启动。

② 车用汽油的 50％馏出温度表示其平均蒸发性能，它影响发动机启动后的升温时间和加速性能。车用汽油的 50％馏出温度还直接影响汽油发动机的加速性能和工作的稳定性。50％馏出温度低，发动机加速灵敏，运转平稳；若过高，当发动机加大油门提速时，部分燃料来不及汽化，燃烧不完全，使发动机功率降低，甚至燃烧不起来，致使发动机熄火而无法工作。为此规定车用汽油的 50％馏出温度不高于 120℃。

③ 车用汽油的 90％馏出温度表示其重质组分的含量，它关系到燃料的燃烧完全性。90％馏出温度越高，重质组分越多，汽化状态越差，燃料燃烧越不完全，这不仅会降低发动机功率，增大耗油，而且还易在汽缸内形成积炭，使磨损加重。我国规定车用汽油的 90％馏出温度不高于 190℃。

④ 终馏点表示燃料中最重馏分的沸点。此点温度高，造成燃料燃烧不完全，就会在汽缸上形成油渣沉积或堵塞油管。试验表明，使用终馏点为 225℃的汽油，发动机的磨损比使用终馏点为 200℃的汽油增大 1 倍、耗油量增加 7％。因此，我国规定车用汽油的终馏点不高于 205℃。

3. 评定车用柴油的蒸发性能，判断其使用性能

车用柴油的馏程是保证其在发动机燃烧室内迅速蒸发和燃烧的重要指标。为保证良好的低温启动性能，需要有一定的轻质馏分，保证蒸发快，油气混合均匀，燃烧状态好，油耗少。

但馏分组成过轻也不利，由于柴油机是压燃式发动机，馏分组成越轻，自燃点越高，则着火滞后期（即滞燃期）越长，致使所有喷入的燃料几乎同时燃烧，造成汽缸内压力猛烈上升而发生爆震现象。此外，过轻的馏分组成还会降低柴油的黏度，使润滑性能变差，油泵磨损加重。

重馏分特别是碳链较长的烷烃自燃点低，容易燃烧，但馏分组成过重，汽化困难，燃烧不完全，不仅油耗增大，还易形成积炭，磨损发动机，缩短使用寿命。因此，我国车用柴油指标规定，馏程测定需记录 10％、50％、90％、95％等不同馏出体积分数的温度，并进行大气压力的修正。要求 50％馏出温度不得高于 300℃，90％馏出温度不得高于 355℃，95％的馏出温度不得高于 365℃。

三、试验数据的修正

[例 7-1] 已知在大气压力为 102.3kPa 时观察汽油馏程数据见表 7-1。

表 7-1　汽油馏程数据

项　　目	在 102.3kPa 时观察的数据	温度计补正值	补正后温度
初馏点/℃	40.0	−0.2	39.8
5％回收温度/℃	53.0	−0.2	52.8
10％回收温度/℃	59.0	−0.2	58.8
残留量/％	0.9		
损失量/％	1.0		

计算修正至 101.3kPa 后的：

① 5％回收温度；

② 10％回收温度；

③ 10％蒸发温度。

解 ① 由 $C=0.0009\times(101.3-p)\times(273+t)$ 计算式得：

$$C=0.0009\times(101.3-102.3)\times(273+53.0)=-0.3℃$$

$$T_0=t+(-0.3)=52.8-0.3=52.5℃$$

② $C=0.0009\times(101.3-102.3)\times(273+59.0)=-0.3℃$

$$T_0=t+(-0.3)=58.8-0.3=58.5℃$$

③ 由 $T=T_L+\dfrac{(T_H-T_L)(R-R_L)}{R_H-R_L}$ 计算式得 10％蒸发量（1％损失量）时的温度读数为：

$$T_{10}=52.5+\frac{(58.5-52.5)\times(9-5)}{10-5}=57.3\ (℃)\approx57\ (℃)$$

【训练考核】

(1) 测定车用柴油的馏程。

(2) 完成此学习情境部分习题。

【考核评价】

按照表 7-2 考核车用柴油馏程测定操作。

表 7-2　车用柴油馏程测定操作考核

训练项目	考核要点	分值	考核标准	得分
口述基本概念	有关概念	10	表述准确、清晰	
准备	试样及仪器的准备	5	试样脱水	
		3	按规定正确选择冷却温度	
		5	正确清除冷凝管中残留液	
		5	在规定温度条件下取样	
		2	量筒中的试样全部倒入蒸馏烧瓶	
		5	温度计水银球位置正确	
		3	烧瓶支管插入冷凝管的位置 25～40mm，且两者不准接触	
		3	冷凝管插入量筒不少于 25mm，但不可超过量筒标线	
		4	量筒口塞好棉花后再开始蒸馏	
测定	测定过程	5	按规定控制加热速度	
		3	初馏点后移动量筒使其内壁接触冷凝管末端	
		2	准确读出馏出点温度	
		5	蒸馏到达终馏点时停止加热	
		2	烧杯冷却 5min 后再将残液倒入量筒	
		3	待量筒冷却到室温±3℃时即读取残留物体积	
结果	记录填写	5	字迹清晰、工整，无涂改	
	结果考察	15	温度需修正	
		10	精密度符合要求	
试验管理	文明操作	5	台面整洁，仪器无破损，废液处理正确	

学习子情境二　石油产品饱和蒸气压的测定

学习目标

1. 掌握油品蒸气压有关的概念；

2. 能使用雷德蒸气压测定器测定油品蒸气压；

3. 培养学生环保意识、安全意识和规范操作意识。

情境描述

现有车用汽油，需对其蒸发性能的评定指标之一饱和蒸气压进行测定。首先依据国家标准 GB/T 257，制定试验方案，认识试验用仪器设备，在教师指导下，组装仪器设备，严格按照标准规定，对油品进行饱和蒸气压的测定。

任务一 设计测定油品饱和蒸气压（雷德法）的试验方案

【任务实施及步骤】

（1）依据 GB/T 257 标准，设计车用汽油蒸气压测定（雷德法）的试验方案。

（2）认识饱和蒸气压测定器及附属设备，如图 7-4、图 7-5 所示。

图 7-4 雷德法蒸气压测定
装置水浴及压力显示部分

图 7-5 雷德法蒸气压测定器
燃烧室和空气室

① 水银压力计（压力计的 U 形管一端要套上橡胶管，用以和空气室连接）。

② 水浴［其贮水深度应能浸没雷德式饱和蒸气压测定器和它的活栓，水浴要带有温度调节器的加热设备，能保持恒温（37.8±0.1）℃］。

③ 玻璃水银温度计（测量范围 0~50℃，分度为 0.1℃，供测量水浴中的水温用）。

④ 玻璃液体温度计（分度为 0.5℃，供测量空气室中的空气温度用）。

⑤ 开口式取样器，如图 7-6 所示（容量 0.5~1L，用玻璃或金属制造，器壁要求具有足够强度，能承受器内的最高压力。取样器口部的内径不应小于 20mm，能用软木塞封闭）。

⑥ 取样器要附有倒油装置，它是装有注油管和透气管的软木塞（如图 7-7 所示），能密封取样器的口部，注油管的一端是与软木塞的下表面相平，另一端应能插到距离燃烧室底部 6~7mm 处，如图 7-8 所示，透气管的底端应能插到取样器的底部。

（3）采样

① 从油罐车或油罐中取样时，将空的开口式取样器吊着并沉进罐内燃料中，使取样器中充满燃料。

② 将取样器提出，倒掉所装的燃料（这次装油的目的，是利用燃料洗涤取样器），然后将取样器重新沉入罐内燃料中，应一次放到接近罐底就立即提出，要求燃料将近装满取样器的顶端，提出取样器，立即倾弃一部分燃料，使取样器所装的试样体积不少于器内容量的 70%，但不多于 80%，如图 7-6 所示，此时，立即用塞子封闭取样器的器口。

③ 装好试样的取样器，必须立即放置在阴凉地点保存，供试验时使用。

图 7-6　取样瓶

图 7-7　装有注油管的取样瓶

图 7-8　向燃烧室注入试样

（4）蒸气压测定器的准备及试样的装入

① 从空气室取下带活栓的接管。

② 为了从空气室除去上次试验遗留的燃料蒸气，用 30～40℃的温水注入室中洗涤，至少 5 次，连接空气室与压力计所用的橡皮管，也注入温水洗涤数次。

③ 用蒸馏水冲洗空气室，然后使其垂直放置，将带活栓的接管拧进空气室顶端之后，必须关闭活栓。

④ 燃烧室和装着试样的取样瓶，都要浸在 0～4℃的水槽中冷却，带注油管和透气管的倒油装置也应同样冷却。

⑤ 从空气室的下口插入温度计，水银球插到空气室全长的 3/4 处（约 190mm），但不得接触室壁。

⑥ 将试样倒入燃烧室之前，冷却好的取样器要在口部严密的装上倒油装置，使透气管的下端插到采样器的底部，并使注油管的一端与软木塞的下表面相平，如图 7-7 所示，用试样将冷却好的燃烧室洗涤 2～3 次，然后将注油管的另一端插到与燃烧室底部相距 6～7mm，就向燃烧室注满试样，直至试样从燃烧室顶端溢出为止，如图 7-8 所示。

⑦ 此时读取空气室开始试验时的温度（简称开始温度），将关闭着活栓的空气室与燃烧室连接，并记录当时的实际大气压力，随后，用水银压力计上面的橡皮管连接测定器的接头管，要求水银柱的高度差为零。

⑧ 向燃料室注入试样和安装仪器的工作，要尽可能在短时间内完成。

任务二　车用汽油饱和蒸气压的测定（雷德法）

【任务实施及步骤】

（1）测定操作

① 将装好试样的测定器颠倒，用力猛烈摇动。

② 将测定器在恢复正常位置后就浸在水浴中，使活栓也被水浸没，在试验过程中，水浴的温度必须保持在（37.8±0.1）℃，仪器的装配，见图 7-4。

③ 测定器浸在水浴中，试样的蒸气不应漏出，如果在试验过程中发现漏气，此次测定无效，应另取一份试样重新进行试验。

④ 测定器浸入水浴后，打开活栓 5min，并记录压力计的水银柱高度差的毫米数，然后将活栓关闭，从水浴中取出测定器，使其颠倒并用力猛烈摇动，再放回水浴中。每经 2min，重复操作一次，每次摇动前，活栓必须关闭，要等到测定器放回水浴时再拧开，测定器的摇

动应尽可能迅速，以免测定器及其中的试样改变温度。

⑤ 当水银压力计的读数停止变动时（通常需要 20min）用恒定的读数（mmHg），作为试样的未修正饱和蒸气压。

（2）计算 试样的饱和蒸气压 p（mmHg）为

$$p = p' + \Delta p$$

其中修正数 Δp 为

$$\Delta p = \frac{(p_a - p_t)(t - 38)}{273 + t} - (p_{38} - p_t)$$

式中 p_a——试验时的实际大气压力，mmHg；

　　t——空气室的开始温度，℃；

　　p_t——水在 t℃时的饱和蒸气压，mmHg；

　　p_{38}——水在 38℃时的饱和蒸气压，mmHg。

此外，试样的饱和蒸气压只要求准确至 1mmHg 时，可以采用从表 7-3 查出的修正数 Δp 进行修正。

表 7-3 饱和蒸气压的修正数 Δp

开始温度 /℃	在下列大气压力下的修正数 Δp/mmHg										
	760	750	740	730	720	700	680	660	640	620	600
0	−150	−149	−148	−146	−145	−142	−139	−136	−134	−131	−128
1	−147	−145	−144	−143	−141	−139	−136	−133	−131	−128	−125
2	−143	−142	−141	−139	−138	−135	−133	−130	−127	−125	−122
3	−140	−138	−137	−136	−135	−132	−130	−127	−124	−122	−119
4	−136	−135	−134	−132	−131	−129	−126	−124	−121	−119	−117
5	−133	−131	−130	−129	−128	−125	−123	−121	−118	−116	−114
6	−129	−128	−127	−126	−125	−122	−120	−118	−115	−113	−111
7	−126	−125	−123	−122	−121	−119	−117	−114	−112	−110	−108
8	−122	−121	−120	−119	−118	−116	−113	−111	−109	−107	−105
9	−119	−118	−116	−115	−114	−112	−110	−108	−106	−104	−102
10	−115	−114	−113	−112	−111	−109	−107	−105	−103	−101	−99
11	−111	−110	−109	−108	107	−106	−104	−102	−100	−98	−96
12	−108	−107	−106	−105	−104	−102	−100	−99	−97	−95	−93
13	−104	−103	−102	−101	−100	−99	−97	−95	−93	−92	−90
14	−100	−99	−99	−98	−97	−95	−94	−92	−90	−89	−87
15	−97	−96	−95	−94	−93	−92	−90	−89	−87	−85	−84
16	−93	−92	−91	−91	−90	−88	−87	−85	−84	−82	−81
17	−89	−88	−88	−87	−86	−85	−83	−82	−81	−79	−78
18	−85	−85	−84	−83	−83	−81	−80	−79	−77	−76	−74
19	−82	−81	−80	−80	−79	−78	−76	−75	−74	−73	−71
20	−78	−77	−77	−76	−75	−74	−73	−72	−70	−69	−68
21	−74	−73	−73	−72	−72	−70	−69	−68	−67	−66	−65
22	−70	−69	−69	−68	−68	−67	−66	−65	−63	−62	−61
23	−66	−66	−65	−65	−64	−63	−62	−61	−60	−59	−58
24	−62	−62	−61	−60	−60	−59	−58	−57	−56	−55	−55
25	−58	−58	−57	−57	−56	−55	−55	−54	−53	−52	−51
26	−54	−54	−53	−53	−52	−52	−51	−50	−49	−48	−48
27	−50	−50	−49	−49	−48	−48	−47	−46	−46	−45	−44
28	−46	−45	−45	−45	−44	−44	−43	−42	−42	−41	−40
29	−42	−41	−41	−41	−40	−40	−39	−39	−38	−37	−37
30	−37	−37	−37	−36	−36	−36	−35	−34	−34	−33	−33
31	−33	−33	−32	−32	−32	−31	−31	−30	−30	−30	−29
32	−28	−28	−28	−28	−28	−27	−27	−26	−26	−26	−25
33	−24	−24	−24	−23	−23	−23	−23	−22	−22	−22	−21
34	−19	−19	−19	−19	−19	−18	−18	−18	−18	−17	−17
35	−15	−15	−15	−14	−14	−14	−14	−14	−14	−13	−13
36	−10	−10	−10	−10	−10	−9	−9	−9	−9	−9	−9
37	−5	−5	−5	−5	−5	−5	−5	−5	−5	−5	−4
38	0	0	0	0	0	0	0	0	0	0	0
39	+5	+5	+5	+5	+5	+5	+5	+5	+5	+5	+5
40	+10	+10	+10	+10	+10	+10	+10	+10	+10	+10	+10

（3）精密度　重复测定两个结果与其算术平均值的差数，不应超过±15mmHg。

（4）报告　取重复测定两个结果的算术平均值，作为试样的雷德饱和蒸气压。

【基础知识】

一、基本概念

1. 蒸发

在一定温度下，液体分子由于本身的热运动，会从液体表面汽化成蒸气分子而扩散到空气中去，这一过程称为蒸发。

2. 饱和蒸气

在密闭容器中，不断运动的蒸气分子撞击液面或器壁会凝结成液体，当单位时间内蒸发和凝结的分子数相等，此时气液两相达到平衡状态，对应的蒸气称为饱和蒸气。

3. 蒸气压

在一定的温度下，气液两相处于平衡状态时的蒸气压力称为饱和蒸气压，简称蒸气压。

4. 雷德蒸气压

用特定的仪器，在规定的条件下测定的油品蒸气压。

主要用于评价汽油的汽化性能、启动性能、生成气阻倾向及贮存时损失轻组分的重要指标。

二、影响饱和蒸气压的因素

1. 温度

温度升高，蒸气压增大；温度降低，蒸气压减小。

2. 物质的种类和组成

不同的物质在相同的温度下，具有不同的饱和蒸气压，石油馏分是各种烃类的复杂混合物，在一定温度下，油品的馏分越轻，越容易挥发，蒸气压越大。油品的组成是随汽化率不同而改变的，一定量的油品在汽化过程中，由于轻组分易挥发，因此当汽化率增大时，液相组成逐渐变重，其蒸气压也会随之降低。

三、测定饱和蒸气压的意义

1. 评定汽油汽化性

汽油的饱和蒸气压越大，说明含低分子烃类越多，越容易汽化，与空气混合也越均匀，从而使进入汽缸的混合气燃烧得越完全。因此，较高的蒸气压能保证汽油正常燃烧，发动机启动快，效率高，油耗低。

2. 判断汽油在使用时有无形成气阻的倾向

通常，汽油用于发动机燃料时，希望具有较高的蒸气压，但是，蒸气压过高容易使汽油在输油管路中形成气阻，使供油不足或中断，造成发动机功率降低，甚至停止运转。而蒸气压过低又会影响油料的启动性能。因此，对车用汽油和航空汽油的蒸气压都有具体限制指标。

3. 估计汽油贮存和运输中的蒸发损失

油品含轻组分越多，蒸气压越大，蒸气损失也越大，不但造成油料损失，污染环境，而且还有发生火灾的危险性。

【训练考核】

1. 车用汽油饱和蒸气压的测定。

2. 完成此学习情境部分习题。

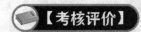【考核评价】

按照表 7-4 考核车用汽油饱和蒸气压测定操作。

表 7-4 车用汽油饱和蒸气压测定操作考核

训练项目	考核要点	分值	考核标准	得分
口述基本概念	有关概念	10	表述准确、清晰	
准备	试样及仪器的准备	5	正确准备汽油室和空气室	
		10	按规定步骤装入试样	
		10	水浴温度控制为(37.8±0.1)℃	
测定	测定过程	5	测定器放入水浴前需颠倒摇动	
		5	汽油室与空气室的连接处不能漏气、漏油	
		10	按规定时间、正确手法操作测定器	
		5	试验结束后按要求清洗仪器	
结果	记录填写	5	字迹清晰、工整,无涂改	
	结果考察	15	结果需修正	
		10	精密度符合要求	
试验管理	文明操作	10	台面整洁、仪器无破损、废液处理正确	

液体石油产品低温流动性能的测定

学习子情境一　石油产品凝点的测定

学习目标

1. 掌握油品低温流动性能的评定方法及测定意义；
2. 掌握油品低温流动性能的评定指标的概念；
3. 能使用凝点测定器测定油品凝点；
4. 培养学生主动参与、积极进取、探究科学的学习态度和思想意识。

情境描述

现有车用柴油，需对其重要质量指标，低温流动性能进行评价，故检验中心需依据国家标准 GB/T 510《石油产品凝点测定法》，设计试验方案，严格执行试验标准，正确组装测定仪器设备，按标准规定条件测定车用柴油的凝点。

任务一　设计测定石油产品凝点的试验方案

【任务实施及步骤】

(1) 依据国家标准 GB/T 510《石油产品凝点测定法》，制定车用柴油的凝点测定方案。

(2) 认识凝点测定器及附属设备，如图 8-1～图 8-3 所示。

图 8-1　凝点测定器　　　　　图 8-2　凝点测定器（可倾斜 45°）　　　图 8-3　盛装试样的带刻度的圆底试管

(3) 试验用仪器设备及试剂的准备

① 圆底试管：高度（160±10）mm，内径（20±1）mm，在距管底 30mm 的外壁处有一环形标线，如图 8-3 所示。

② 圆底的玻璃套管：高度（130±10）mm，内径（40±2）mm。

③ 制冷设备且可设置恒温，如图 8-1 所示。

④ 温度计：a. 水银温度计，供凝点高于－35℃的石油产品使用；b. 液体温度计，供凝点低于－35℃的石油产品使用。

⑤ 水浴。

⑥ 支架。

⑦ 无水乙醇：化学纯。

任务二 试样的准备

【任务实施及步骤】

含水试样脱水。

注：对于含水多的试样应先经静置，取其澄清部分来进行脱水；对于容易流动的试样，在试样中加入新煅烧的粉状硫酸钠或小粒状氯化钙，并在 10～15min 内定期摇荡，静置，用干燥的滤纸滤取澄清部分；对于黏度大的试样，是将试样预热到不高于 50℃，经食盐层过滤（食盐层的制备是在漏斗中放入金属网或少许棉花），然后在漏斗上铺以新煅烧的粗食盐结晶，试样含水多时需要经过 2～3 个漏斗的食盐层过滤。

任务三 石油产品凝点的测定

【任务实施及步骤】

(1) 将制冷装置温度设置在比试样预期凝点低 7～8℃。

(2) 在干燥、清洁的试管中注入试样，使液面满到环形标线处，用软木塞将温度计固定在试管中央，使水银球距离管底 8～10mm。

(3) 装有试样和温度计的试管，垂直地浸在 (50±1)℃的水浴中，直到试样的温度达到 (50±1)℃为止。

(4) 从 (50±1)℃水浴中取出装有试样和温度计的试管，擦干外壁，用软木塞将试管牢固地装在套管中，如图 8-1 所示，试管外壁与套管内壁处处距离相等，并在套管中加 1～2mL 的无水乙醇。

(5) 将装好的仪器垂直地固定在支架的夹子上，并放在室温中静置，直至试管中的试样冷却到 (35±5)℃为止，然后将这套仪器浸在制冷装置中，如图 8-1 所示；制冷温度准确到 ±1℃。

(6) 当试样温度冷却到预期凝点时，将浸在制冷装置中的仪器倾斜45°，如图 8-2 所示，并保持 1min。

(7) 试样凝点温度范围的确定

① 从制冷装置中小心取出仪器，迅速用工业乙醇擦拭套管外壁，垂直放置仪器并透过套管观察试管里面的液面是否有过移动的迹象。

② 当液面有移动时，从套管中取出试管，重新预热到 (50±1)℃，然后用比前次低 4℃的温度重新测定，直至某试验温度能使液面位置停止移动为止。

注：试验温度低于－20℃时，重新测定前应将装有试样和温度计的试管放在室温中，待试样温度升到－20℃时，才将试管浸在水浴中加热。

③ 当液面没有移动时，从套管中取出试管，重新预热到 (50±1)℃，然后用比前次高

4℃的温度重新测定，直至某试验温度能使液面位置有了移动为止。

注：液面位置从移动到不移动或从不移动到移动的温度范围，就是试样凝点范围。

（8）确定试样凝点。找到凝点温度范围后，就采用比移动的温度低 2℃，或采用比不移动的温度高 2℃，重新试验，如此重复试验，直至确定某试验温度能使试样的液面停留不动而提高 2℃ 又能使液面移动时，就取使液面不动的温度，作为试样的凝点。

注意测定要求：

试样的凝点必须进行重复测定，第二次测定时的开始试验温度，要比第一次所测的凝点高 2℃。

（9）精密度

① 重复性：同一操作者重复测定两个结果之差不应超过 2.0℃。

② 再现性：由两个实验室提出的两个结果之差不应超过 4.0℃。

（10）报告

取重复测定两个结果的算术平均值，作为试样的凝点。

注：如果需要检查试样的凝点是否符合技术标准，应采用比技术标准所规定的凝点高 1℃ 来进行试验，此时液面的位置如能移动，就认为凝点合格。

【训练考核】

车用柴油凝点的测定。

【考核评价】

按照表 8-1 考核车用柴油凝点测定操作。

表 8-1　车用柴油凝点测定操作考核

训练项目	考核要点	分值	考核标准	得分
口述基本概念	有关概念	15	表述准确、清晰	
准备	试样及仪器的准备	5	试样脱水	
		5	按规定正确选择冷却温度,比预期凝点低 7～8℃	
		5	注入试管的试样量准确,到环形标线处	
		5	套管中加入无水乙醇	
		5	温度计插入位置正确	
测定	测定过程	5	测定前装有试样及温度计的试管需在(50±1)℃的水浴中恒温	
		5	装好套管的装有试样及温度计的试管要放在室温中冷却至(35±5)℃	
		5	将套管放在制冷装置中冷却并按规定步骤测定其凝点	
		5	从制冷装置中取出仪器后要迅速用工业乙醇擦拭套管外壁	
		5	会找凝点温度范围	
		5	正确观测凝点	
结果	记录填写	5	字迹清晰、工整,无涂改	
	结果考察	20	精密度符合要求	
试验管理	文明操作	5	台面整洁、仪器无破损、废液处理正确	

学习子情境二　柴油冷滤点的测定

学习目标

1. 掌握油品低温流动性能的评定方法及测定意义；
2. 掌握油品低温流动性能的评定指标的概念；
3. 能使用冷滤点测定器测定油品冷滤点；
4. 培养学生主动参与、积极进取、探究科学的学习态度和思想意识。

情境描述

现有车用柴油，需对其重要质量指标——低温流动性能进行评价，故检验中心需依据中华人民共和国石油化工行业标准 SH/T 0248《柴油和民用取暖油冷滤点测定法》，设计测定方案，正确组装仪器设备，正确操作，严格执行试验标准，进行车用柴油冷滤点的测定。

任务一　设计测定柴油冷滤点的试验方案

【任务实施及步骤】

（1）依据 SH/T 0248 柴油和民用取暖油冷滤点测定法，制定测定柴油冷滤点的试验方案。

（2）认识冷滤点测定器及附属设备，如图 8-4、图 8-5 所示。

图 8-4　冷滤点测定器及附属设备

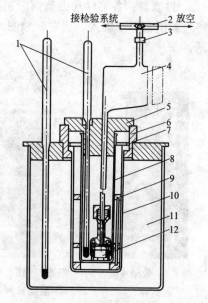

图 8-5　冷滤点测定装置

1—温度计；2—三通阀；3—橡皮管；4—吸量管；
5—橡皮塞；6—支持环；7—弹簧环；8—试杯；
9—固定架；10—铜套管；11—冷浴；12—过滤器

（3）准备试剂与材料

① 正庚烷：分析纯。

② 丙酮：分析纯。

③ 无绒滤纸。

（4）认识试验用仪器及设备

① 试杯：玻璃，透明，平底筒形，内径（31.5±0.5)mm，壁厚（1.25±0.25)mm，高（120±5)mm，在试杯的 45mL 处有水平刻线，如图 8-6 所示。

② 套管：黄铜制，平底筒形，防水，可作空气浴，内径（45±0.25)mm，外径（48±0.25)mm，高（115±3)mm。

③ 保温环：由耐油塑料或其他合适材料制成，放在套管底部，起保温作用，保温环外径应与套管的内径吻合。

④ 定位环（两个）：由耐油塑料或其他合适材料制成，厚约 5mm，环绕在试杯周围，为套管内的试杯提供保温，定位环必须紧卡住试杯，而又正好放进套管，定位环是不闭合的，应有 2mm 环形空隙，以适应试杯直径的变化，保温环与定位环可制成一独立体。

⑤ 支撑环：由耐油塑料或其他合适的、无吸附性、耐油非金属材料制成，置于冷浴中合适位置垂直、稳定地悬挂在套管之外，且塞子应放在中心位置。

⑥ 塞子：由耐油塑料或其他合适的、无吸附性、耐油非金属材料制成，塞子上有三个孔，其中两个孔分别插入吸量管和温度计，另一个孔用于保持系统压力平衡，如图 8-7 所示。

⑦ 吸量管和过滤器。

a. 吸量管：透明玻璃制，在距吸量管底部（149±0.5)mm 处应有标记刻线（能容 20mL±0.2mL 体积的试样），吸量管与过滤器相连，如图 8-7 所示。

b. 过滤器：各部件均为黄铜所制，上部与吸量管连接，下部用带有外螺纹和支脚的圆环将过滤网自下端旋入、固定，如图 8-7、图 8-8 所示。滤网放在丙酮溶液中存放，如图 8-9 所示。

图 8-6 带刻度的试杯

图 8-7 连有吸量管、温度计的塞子

图 8-8 外螺纹支脚圆环和滤网

图 8-9 滤网的存放

⑧ 冷浴设置，见表 8-2。

表 8-2　冷浴温度

预期冷滤点/℃	冷浴需要的温度/℃
高于 −20	−34±0.5
−20～−35	−34±0.5，然后 −51±1.0
低于 −35	−34±0.5，然后 −51±1.0，最后 −67±2.0

⑨ 三通阀：分别与吸量管上部，抽真空系统和大气连通。

⑩ 抽真空调节装置：由 U 形管压差计、稳压水槽和水流泵组成，可提供恒定压力 200mmH$_2$O（1mmH$_2$O＝9.80665Pa）的水位压差。

⑪ 秒表。

（5）试样的准备

① 室温下（温度不能低于 15℃），将 50mL 试样在干燥的无绒滤纸（不起毛滤纸）上过滤。

② 如果试样含水，需在试验前脱水（加入煅烧并冷却的食盐）。

【训练考核】

（1）组装测定装置。

（2）秒表计时操作。

任务二　柴油冷滤点的测定

【任务实施及步骤】

（1）将已经过滤的 45mL 试样倒入清洁、干燥的试杯中至刻线处。

（2）将装有温度计、吸量管（已预先与过滤器连接）的塞子塞入盛有 45mL 试样的试杯中，使温度计垂直，温度计距试杯底部（1.5±0.2）mm，过滤器也应垂直恰好放于试杯底部。

注：如果预期冷滤点低于−30℃，则使用低范围温度计，试验期间不得更换温度计，小心操作确保温度计水银球部分不与试杯的侧面或过滤器相接触。

（3）将装好的试杯放于热水浴中，当试油温度达到（30±5）℃时，打开套管口的塞子，将准备好的试杯垂直放入置于已冷却到预期温度的冷浴中的套管内，冷浴温度应保持在（−34±0.5）℃。

（4）将真空系统与吸量管上的三通阀用软管连接好，在测定前，不要将吸量管与真空源连接，接通真空源，调节空气流速为 15L/h，U 形管水位压差计应稳定指示压差为（200±1）mmH$_2$O。

（5）试杯插入套管后立刻开始试验，但如果已知试样浊点，则最好将试样直接冷却到浊点以上 5℃，当试样温度达到合适的整数度时，转动三通阀，开始试验，试样通过过滤器进入吸量管进行抽吸，同时开始计时。

（6）当试样达到吸量管刻度标记时，停止计时并旋转三通阀到初始的位置，使吸量管与大气相通，试样自然流回试杯。

（7）如果第一次吸滤达到吸量管刻度标记的时间超过 60s，放弃本次试验，在一个稍高温度，重复前面的试验。

（8）试样温度每下降 1℃，重复操作，直到 60s 时试样不能达到吸量管刻度标记处，记录此最后过滤开始时的温度，即为试样的冷滤点。

注：① 当试样温度降到−20℃时，若还未达到其冷滤点，则应将制冷装置调整到（−51±1.0）℃，继续试验，试样温度每降低 1℃，重复（5）操作。

② 当试样温度降到−35℃时，若还未达到其冷滤点，则应将制冷装置调整到（−51±1.0）℃，继续试验，试样温度每降低 1℃，重复（5）操作。

③ 当试样温度降到－51℃时，若还未达到其冷滤点，则应停止试验并报告结果为"－51℃时未堵塞"。

（9）如果试样达到吸量管刻度标记的时间小于 60s，但在旋转三通阀到初始位置时，吸量管中的液体不能全部自然流回试杯中，则记录本次抽吸开始时的温度为试样的冷滤点。

（10）精密度

① 重复性 r：由同一操作者使用同一仪器，在相同的操作条件下，对同一试样进行重复测定，所得两个连续试验结果之差不能超过 1℃。

② 再现性 R：由不同操作者在不同实验室，对同一试样进行测定，所得的两个独立试验结果应符合下式：

$$R = 0.103 \times (25 - X)$$

式中　X——用于比较的两个试验结果的平均值，℃。

（11）报告　取两次平行实验结果的算术平均值。

任务三　试验结束后测定器的处理

【任务实施及步骤】

（1）将试杯从套管中取出，加热熔化，倒出试样。

（2）向试杯内倒入石油醚，从三通阀反复用洗耳球抽吸石油醚 4～5 次，使测定器凡是试样流过的地方都洗涤到。

（3）倒出石油醚，再用干净的石油醚重复洗一次。

（4）将试杯、过滤器和吸量管分别用吹风机吹干。

（5）试杯从套管中取出时，套管口要塞上塞子。

【基础知识】

油品的低温流动性能是指油品在低温下使用时，维持正常流动顺利输送的能力。各种石油产品都有可能在低温下使用，发动机燃料和润滑油在低温时的流动性能就成为评价油品低温使用性能的重要项目，对于原油和油品的运输也有很大的重要性。常用的评价指标有浊点、结晶点、冰点、倾点、凝点和冷滤点等。这些指标之所以名目繁多，一则是因为用途不同，二则是因不同国家采用了不同的测定方法和标准。

一、基本概念

1. 浊点

试样在规定的条件下冷却，开始呈现雾状或浑浊时的最高温度，称为浊点，以℃表示。此时油品中出现了许多肉眼看不见的微小晶粒，因此不再呈现透明状态。

2. 结晶点

试样在规定的条件下冷却，出现肉眼可见结晶时的最高温度，称为结晶点，以℃表示。在结晶点时，油品仍处于可流动的液体状态。

3. 冰点

试样在规定的条件下，冷却到出现结晶后，再升温至结晶消失的最低温度，称为冰点，以℃表示。一般，结晶点与冰点之差不超过 3℃。

4. 倾点

在试验规定的条件下冷却时，油品能够流动的最低温度，叫做倾点，又称流动极限，以℃表示。

5. 凝点

凝点是指油品在试验规定的条件下，冷却至液面不移动时的最高温度，以℃表示。是油品完全失去流动性的近似最高温度。

6. 冷滤点

试样在规定条件下冷却，当试样不能流过过滤器或 20mL 试样流过过滤器的时间大于 60s 或试样不能完全流回试杯时的最高温度，称为冷滤点，以℃（按 1℃ 的整数倍）表示。

7. 黏温凝固

对含蜡很少或不含蜡的油品，温度降低，黏度迅速增大，当黏度增大到一定程度时，就会变成无定形的黏稠玻璃状物质而失去流动性，这种现象称为黏温凝固。油品凝固现象主要决定于它的化学组成，影响黏温凝固的是油品中的胶状物质以及多环短侧链的环状烃。

8. 构造凝固

对含蜡较多的油品，温度降低，蜡就会逐渐结晶出来，当析出的蜡增多至形成网状骨架时，就会将液态的油包在其中而失去流动性，这种现象称为构造凝固。影响构造凝固的是油品中高熔点的正构烷烃、异构烷烃及带长烷基侧链的环状烃。

黏温凝固和构造凝固，都是指油品刚刚失去流动性的状态，事实上，油品并未凝成坚硬的固体，仍是一种黏稠的膏状物。

二、测定油品低温流动性能的意义

1. 结晶点和冰点

结晶点和冰点是评定航空汽油和喷气燃料低温性能的质量指标。我国习惯用结晶点，欧美各国则采用冰点。航空汽油和喷气燃料都是在高空低温环境下使用的，如果出现结晶，就会堵塞发动机燃料系统的滤清器或导管，使燃料不能顺利泵送，这对高空飞行是相当危险的。因此，我国对航空汽油和喷气燃料低温性能指标提出了严格的要求（见表 8-3）。

2. 浊点

浊点主要是煤油低温性能的质量指标。浊点过高的煤油在冬季室外使用时，会析出细微的结晶，堵塞灯芯的毛细管，使灯芯无法吸油，导致灯焰熄灭。我国对煤油低温性能规格标准要求见表 8-3。

表 8-3　某些轻质油品低温性能质量指标

项目		航空汽油	喷气燃料			煤　　油		
			1 号	2 号	3 号	优级品	一级品	合格品
冰点/℃	≤	—	—	—	−47	−30	—	—
浊点/℃	≤	—	—	—	—	—	−15	−12
结晶点/℃	≤	−60	−60	−50	—	—	—	—

3. 凝点、冷滤点和倾点

凝点、冷滤点和倾点被列入油品规格，作为石油产品生产、贮存和运输的质量检测标准。不同规格牌号的车用柴油对凝点、冷滤点都有具体规定；润滑剂和有关产品的 19 类产品，都选择性地对凝点、倾点做出了具体要求。

4. 按凝点确定油品的使用温度

如表 8-4 所示，我国车用柴油按凝点分为 5 号、0 号、−10 号、−20 号、−35 号和 −50号六个牌号，变压器油按凝点不同，分为 10 号、25 号和 45 号三个牌号。它们表示的意义略有差异，例如，−10 号车用柴油的凝点不高于 −10℃，而 10 号变压器油的凝点要求不高于－10℃，依此类推。要注意根据地区和气温的不同，选用不同牌号的油品。

表 8-4　车用柴油和变压器油的牌号

油　品	车用柴油(GB/T 19147—2003)						变压器油(GB 2536—90)		
牌号	5 号	0 号	－10 号	－20 号	－35 号	－50 号	BD-10	BD-25	BD-45
凝点/℃　≤	5	0	－10	－20	－35	－50	－10	－25	－45

5. 可用倾点、凝点和冷滤点估计石蜡含量，指导油品生产

石蜡含量越多，油品越易凝固，倾点、凝点和冷滤点就越高。

此外，凝点还用于估计燃料油不经预热而能输送的最低温度，因此它是油品抽注、运输和贮存的重要指标。

三、影响油品低温流动性能的主要因素

1. 烃类组成的影响

油品的浊点、结晶点和冰点及倾点、凝点和冷滤点与烃类组成密切相关。因为，不同种类、结构的烃类，其熔点也不相同。当碳原子数相同时，通常正构烷烃、带对称短侧链的单环芳烃、双环芳烃的熔点最高，含有侧链的环烷烃及异构烷烃则较低。因此若油品中所含大分子正构烷烃和芳烃的量增多时，其浊点、结晶点和冰点还有倾点、凝点和冷滤点就会明显升高，则燃料的低温性能变差。相同烃类中，随相对分子质量的增大，其沸点、相对密度、熔点逐渐升高，其浊点、结晶点和冰点还有倾点、凝点和冷滤点也会升高。所以，为保证结晶点合格，喷气燃料的尾部馏分不能过重。同当碳原子数相同时，轻柴以上馏分（沸点高于180℃）的各类烃中，通常正构烷烃的熔点最高，带长侧链的芳烃、环烷烃次之，异构烷烃则较小。

2. 油品含水量的影响

油品含水可使浊点、结晶点和冰点显著升高。

柴油、润滑油的精制过程都要与水接触，若脱水后的油品含水量超标，则油品的倾点、凝点和冷滤点同样会明显增高。

油品中溶解水的数量主要取决于油品的化学组成，此外还与环境温度、湿度、大气压力和贮存条件等有关。各种烃类对水的溶解度比较如下：

芳烃＞烯烃＞环烷烃＞烷烃

由此可见，对使用条件恶劣的喷气燃料要限制芳烃含量，国产喷气燃料规定芳烃含量不得大于 20％。同一类烃中，随相对分子质量和黏度的增大，对水的溶解度减小。

3. 胶质、沥青质及表面活性剂的影响

这些物质能吸附在石蜡结晶中心的表面上，阻止石蜡结晶的生长，致使油品的凝点、倾点下降。所以，油品脱除胶质、沥青质及表面活性物质后，其凝点、倾点会升高；而加入某些表面活性物质（降凝添加剂），则可以降低油品的凝点，使油品的低温流动性能得到改善。

【知识拓展】

喷气燃料的冰点，依据国家标准 GB/T 2430 进行测定。测定冰点时，将 25mL 试样装入洁净干燥的双壁试管中，装好搅拌器及温度计，将双壁试管放入冷浴中，如图 8-10 所示，不断搅拌试样使其温度平稳下降，记录结晶出现的温度作为结晶点。然后从冷浴中取出双壁试管，使试样在连续搅拌下缓慢升温，记录结晶完全消失的最低温度作为冰点。如果测定的结晶点和冰点之差大于 3℃，要再次冷却、升温，重复测定，直到其差值小于 3℃为止。石

油产品浊点,依据国家标准 GB/T 6986 进行测定。石油产品结晶点,依据石油化工行业标准 SH/T 0179 进行测定。石油产品倾点,依据国家标准 GB/T 3535 进行测定。

图 8-10　冰点测定器

【训练考核】

　　(1) 测定柴油冷滤点。
　　(2) 完成此学习情境部分习题。

【考核评价】

　　按照表 8-5 考核柴油冷滤点测定操作。

表 8-5　柴油冷滤点测定操作考核

训练项目	考核要点	分值	考 核 标 准	得分
准备	试样及仪器的准备	5	试样脱水、过滤	
		5	洗涤干燥仪器	
		5	正确组装仪器	
测定	测定过程	5	按规定正确选择制冷温度	
		5	试样装入量准确	
		5	检查并使 U 形管压差计稳定指示压差为 200mmH$_2$O±1mmH$_2$O	
		5	试样温度要预热到 30℃±5℃即放入装置	
		15	按照标准规定进行操作	
		5	正确判断冷滤点并记录	
结果	记录填写	5	字迹清晰、工整,无涂改	
	结果考察	20	精密度符合要求	
结束	试验测定器的洗涤	15	按要求洗涤仪器设备,并将试杯、吸量管、过滤器吹干,套管口塞上塞子	
试验管理	文明操作	5	台面整洁、仪器无破损、废液处理正确	

汽油实际胶质的测定

学习目标

1. 掌握油品安定性的评定方法及测定意义；

2. 掌握油品安定性的评定指标的概念；

3. 了解导致油品不安定性倾向的原因；

4. 能使用实际胶质测定器测定燃料的实际胶质；

5. 培养学生理论联系实际、实事求是、一丝不苟的科学态度；

6. 提高学生与人沟通、交往的职业能力和良好的团队合作精神。

情境描述

现有航空燃料和车用汽油，需对其重要质量指标——安定性能进行评价，而其评价指标主要有实际胶质、诱导期等，故要测定油品实际胶质，需依据国家标准 GB 509《发动机燃料实际胶质测定法》设计试验方案，熟练操作试验所需仪器、设备，严格按照试验标准，测定汽油的实际胶质。

任务一　设计测定汽油实际胶质的试验方案

【任务实施及步骤】

（1）依据国家标准 GB 509《发动机燃料实际胶质测定法》，制定汽油实际胶质测定方案。

（2）认识实际胶质测定装置及附属设备，如图 9-1、图 9-2 所示。

图 9-1　实际胶质测定装置

左为流量计，右为油浴

图 9-2　实际胶质测定装置

喷射蒸发法

① 天平：感量为 0.1mg。

② 烧杯：容量 100mL，口部带有凹槽，如图 9-3 所示。

图 9-3 盛试样的烧杯

图 9-4 用扁头不锈钢镊子将
烧杯放入测定器的凹槽内

③ 冷却容器：干燥器，用来冷却称量前的烧杯，无硅胶干燥剂。

④ 热油浴：可以由温度控制器或适当的液体回流来保持温度恒定，应附带两个或多个烧杯孔和排气口，每个排气口应可控制调节流速。

⑤ 流量计：能测量每个排气口空气的流量；有量出 60L/min 空气流速的刻度，经过 300 次试验至少校正一次。

⑥ 烧结玻璃漏斗：粗孔，容量 150mL。

⑦ 温度计。

⑧ 带刻度量筒：25mL。

⑨ 转移工具：扁头不锈钢镊子，用于取出烧杯和转接器，如图 9-4 所示。

⑩ 秒表。

（3）准备试验用材料和试剂

① 空气：过滤净化后的空气。

② 丙酮棉球。

③ 乙醇-苯混合液。

④ 滤纸。

（4）组装测定装置。

（5）加热油浴，恒定温度（150±3）℃。

注：测定汽油的实际胶质时，温度调到（150±3）℃；测定煤油时调到（180±3）℃；测定柴油时调到（250±5）℃。

（6）在油浴上，旋管导入空气的一端，要通过流速计和经过滤净化的空气供应装置连接。

任务二　汽油实际胶质的测定

【任务实施及步骤】

（1）用丙酮棉球仔细擦净测定实际胶质所用的烧杯，如图 9-5 所示。

（2）将烧杯放入恒温（150±3）℃的油浴凹槽中，如图 9-4 所示，恒温 15min，再将烧杯放在干燥器中冷却 30～40min。

（3）称量烧杯的重量，称准至 0.0002g。

注：将烧杯重复进行干燥，称重，直至连续称量间的差数不超过 0.0004g 为止。

（4）用量筒量取 25mL 试样两份，分别注入恒重的烧杯中，然后将烧杯放在已恒温到 (150±3)℃的油浴凹槽中，如图 9-4 所示。

（5）在浴盖中央的旋管一端，安放三通管，如图 9-6 和图 9-7 所示。

图 9-5　擦净烧杯　　　　　　图 9-6　三通管　　　　　图 9-7　三通管的安装

（6）向两个烧杯中通入空气，流速计指示的最初速度应为 (20±2)L/min。

注：①试验汽油时的最初 8min 内，或试验煤油或柴油时的最初 20min 内，都要求供给空气的速度逐渐增到 (55±5)L/min，同时注意勿使试样溅出；②上述的供气速度应保持到使试样蒸发完毕。

当油气停止冒出而且烧杯底和烧杯壁呈现干燥的残留物或出现不再减少的油状残留物时，即认为蒸发完毕。

（7）蒸发完毕后，继续通过空气 15min（汽油或煤油）或 30min（柴油），然后将烧杯取出，放在干燥器中冷却 30～40min 后进行称量，称准至 0.0002g。

（8）称量后将烧杯再重新放在油浴槽中，用与上述相同的空气流速和规定的温度，再通空气 15min，此后，将烧杯再放在干燥器中冷却 30～40min 后进行称量，如此重复处理带有胶质的烧杯，直至连续称量间的差数不超过 0.0004g 为止。

（9）测定结束后，应立即用乙醇-苯混合液洗涤烧杯，以清除杯内的残留物。

任务三　汽油实际胶质的数据整理

【任务实施及步骤】

（1）计算　100mL 试样所含的实际胶质 $X(\text{mg})$ 按下式计算：

$$X = \frac{m_2 - m_1}{25} \times 100 = 4(m_2 - m_1)$$

式中　m_2——胶质和烧杯质量，mg；

　　　m_1——烧杯质量，mg；

　　　25——试样体积，mL。

（2）精密度　汽油和煤油的实际胶质测定的重复性见表 9-1。

（3）报告

① 取重复测定两个结果的算术平均值，作为试样的实际胶质含量，测定结果取整数表示。

② 实际胶质含量小于 2mg/mL 时，认为无。

表 9-1　汽油和煤油的实际胶质测定的重复性

汽油和煤油的实际胶质含量/(mg/mL)	重复性/(mg/mL)
＜15	2
15～40	3
40～100	较小结果的 8%
≥100	较小结果的 15%
柴油的实际胶质含量/(mg/mL)	重复性/(mg/mL)
≤15	2
＞15	较小结果的 15%

【基础知识】

一、汽油安定性的评定

石油产品在运输、贮存以及使用过程中，保持其使用性能不变的性质，称为油品的安定性。油品在运输、贮存以及使用过程中，常有颜色变深、胶质增加、酸度增大、生成沉渣的现象，这是由于油品在常温条件下氧化变质的缘故，属化学性质变化，称之为化学安定性或抗氧化安定性；油品在较高的使用温度下，产生的氧化变质倾向，属于热氧化安定性范畴，又称热安定性。通常讨论的油品安定性指的就是其化学安定性或热氧化安定性。

由于不同油品的组成存在差异，且实际应用环境不尽相同，故评价各种油品安定性的试验方法也有区别，评定汽油安定性的质量指标有实际胶质和诱导期。

所谓实际胶质，是指在试验条件下测得的航空汽油、喷气燃料的蒸发残留物或车用汽油蒸发残留物中不溶于正庚烷部分，以 mg/100mL 表示。

实际胶质是用于评定汽油或喷气燃料在发动机中生成胶质的倾向，判断燃料贮存安定性的重要指标。

所谓诱导期是指在规定的加速氧化条件下，油品处于稳定状态所经历的时间，以 min 表示。它表示汽油在长期贮存中氧化并生成胶质的倾向。显而易见，诱导期越长，油品形成胶质的倾向越小，抗氧化安定性越好，油品越稳定，可以贮存的时间越长。

汽油诱导期测定的基本原理是：取 100mL 试样（装进油杯中置入氧弹内）在压力为 (686.5±4.9)kPa 的氧气流中及温度维持在 (100±1)℃ 的条件下，来加速油品氧化变质过程。该试验条件下汽油很容易被汽化，所以，经过一段时间后压力将达到一恒定值，并持续一定的时间不变，直到试样发生氧化反应时，压力才开始逐步连续下降。从待测盛样油杯浸入沸腾的水浴中到压力下降点所经过的时间，就是试样的氧化期；试样未被氧化所经过的时间即为诱导期。均以 min 表示。

值得注意的是，诱导期要比氧化期短，因为放在测定器中的试样，从室温放进 100℃ 的水浴中是逐渐受热的（要经过氧弹壁传热），需要花费若干分钟才能使弹内试样温度达到 100℃，故试样诱导期的测定结果必须对试样从室温升到 100℃ 所需要的时间进行校正，即诱导期等于氧化期减去修正值。

二、评定汽油安定性的意义

安定性好的汽油，在贮存和使用过程中不会发生明显的质量变化；安定性差的汽油，在运输、贮存及使用过程中会发生氧化反应，易于生成酸性物质、黏稠的胶状物质及不溶沉渣，使油品颜色变深，导致辛烷值下降且腐蚀金属设备。汽油中生成的胶质较多，会使发动机工作时，油路阻塞，供油不畅，混合气变稀，气门被黏着而关闭不严；还会使积炭增加，导致散热不良而引起爆震和早燃等。沉积于火花塞上的积炭，还可能造成点火不良，甚至不能产生电火花。以上原因都会引起发动机工作不正常，增大油耗。

 【知识拓展】

评价轻柴油和车用柴油安定性的指标除实际胶质外，主要有总不溶物和10％蒸余物残炭。

柴油中的胶体稳定性被破坏，使胶体凝集而沉降下来的物质，即为不溶物。总不溶物是指黏附性不溶物和可过滤不溶物的总和。黏附性不溶物指在试验条件下，试样在氧化过程中产生，黏附在氧化管壁上的不溶于异辛烷的物质。可过滤不溶物是指在试验条件下，试样在氧化过程中产生的能过滤分离出来的物质。

采用标准：SH/T 0175《馏分燃料油氧化安定性测定法（加速法）》。

方法原理：将已过滤的试样，在通入氧气连续鼓泡和规定温度下进行加速氧化，依据氧化后所形成的总不溶物含量，来衡量石油产品抵抗大气（或氧气）的作用而保持其性质不发生永久变化的能力。

方法概要：将已过滤的350mL试样，在通入氧气连续鼓泡和95℃温度下老化16h。老化结束经冷却后，测定试样形成的总不溶物含量，以 mg/100mL 表示。我国规定：氧化安定性总不溶物不大于 2.5mg/100mL，10％蒸余物残炭是指把测定柴油馏程中馏出 90％以后的残留物作为试样所测得的残炭。

采用标准：GB/T 268《石油产品残炭测定法（康氏法）》。

 【训练考核】

（1）测定煤油的实际胶质。

（2）完成此学习情境部分习题。

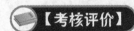 【考核评价】

按照表 9-2 考核煤油实际胶质测定操作。

表 9-2　煤油实际胶质测定操作考核

训练项目	考核要点	分值	考核标准	得分
口述基本概念	有关概念	10	表述准确、清晰	
准备	试样及仪器的准备	5	试样脱水	
		5	试样过滤	
		5	正确选择油浴温度(180±3)℃	
		5	正确处理烧杯	
		5	正确使用电子天平进行称量	
		5	取样准确	
		5	正确组装仪器	
测定	测定过程	5	正确控制流速	
		5	正确进行恒重	
		5	操作结束，立即清洗烧杯	
结果	记录填写	5	字迹清晰、工整,无涂改	
	结果考察	10	计算式正确	
		20	精密度符合要求	
试验管理	文明操作	5	台面整洁、仪器无破损、废液处理正确	

液体石油产品腐蚀性能的测定

学习子情境一　石油产品水溶性酸或碱的测定

学习目标

1. 掌握油品中水溶性酸和碱的存在方式及来源；
2. 掌握油品中水溶性酸和碱测定意义；
3. 能测定油品中水溶性酸碱；
4. 培养学生具有理论联系实际、实事求是、一丝不苟的科学态度。

情境描述

石油产品在贮存、运输和使用过程中，对所接触的机械设备会有腐蚀作用，其腐蚀作用不但会使机械设备损坏，影响其使用寿命，而且还会由于对金属设备的腐蚀反应生成不溶于油品的固体杂质，从而破坏油品的洁净度和安定性，所以，油品在出厂前需对其腐蚀性能——水溶性酸及碱、酸度、酸值、硫含量进行测定并进行金属腐蚀试验。依据国家标准GB 259《石油产品水溶性酸及碱测定法》，设计石油产品水溶性酸及碱的测定方案，正确操作分液漏斗，正确使用指示剂并准确判断其颜色的变化，进行石油产品水溶性酸及碱的测定。

任务一　设计石油产品水溶性酸及碱的测定方案

【任务实施及步骤】

（1）依据国家标准GB 259《石油产品水溶性酸及碱测定法》，设计石油产品水溶性酸及碱的测定方案。

（2）剖析试验方法：用蒸馏水或乙醇水溶液抽提试样中的水溶性酸或碱，然后，分别用甲基橙或酚酞指示剂检查抽出液颜色的变化情况，以判断有无水溶性酸或碱的存在。

任务二　石油产品水溶性酸或碱的测定

【任务实施及步骤】

（1）准备试验用仪器

① 分液漏斗：250mL 或 500mL；

② 试管：直径为 15～20mm，高度为 140～150mm，无色玻璃制成；

③ 漏斗：普通玻璃漏斗；

④ 量筒：25mL，50mL 和 100mL；

⑤ 瓷蒸发皿；

⑥ 锥形烧瓶；

⑦ 托盘天平。

（2）准备试验用试剂

① 甲基橙：配成 0.02％甲基橙水溶液；

② 酚酞：配成 1％酚酞乙醇溶液；

③ 95％乙醇：分析纯。

（3）准备试验用材料

① 滤纸：工业滤纸；

② 溶剂油：符合 GB 1922《溶剂油》中 NY-120 规定；

③ 蒸馏水：符合 GB 6682《实验室用水规格》中三级水规定。

（4）试样的准备

① 将试样置于玻璃瓶中，不超过其容积的 3/4，摇动 5min。

注：黏稠的或石蜡试样应预先加热至 50～60℃再摇动。

② 当试样为润滑脂时，用刮刀将试样的表层（3～5mm）刮掉，然后，至少在不靠近容器壁的三处，取约等量的试样置入瓷蒸发皿，并小心地用玻璃棒搅匀。

（5）测试 95％乙醇的 pH 值。用酚酞指示剂和甲基橙指示剂或酸度计检验呈中性后，方可使用。

（6）当试验液体石油产品时，将 50mL 试样和 50mL 蒸馏水放入分液漏斗，加热 50～60℃。

注：① 轻质石油产品，如汽油和溶剂油等均不加热。

② 对 50℃运动黏度大于 $75mm^2/s$ 的石油产品，应预先在室温下与 50mL 汽油混合，然后，加入 50mL 加热至 50～60℃的蒸馏水。

（7）将分液漏斗中的试验溶液，轻轻地摇动 5min，不允许乳化。

（8）放出澄清后下部的水层，经滤纸过滤后，滤入锥形烧瓶中。

（9）当试验润滑脂、地蜡、石蜡和含蜡组分时，取 50g 预先熔化好的试样，称准至 0.01g，将其置于瓷蒸发皿或锥形烧瓶中，然后，注入 50mL 蒸馏水，并煮沸至完全熔化，冷却至室温后，小心地将下部水层倒入有滤纸的漏斗中，滤入锥形烧瓶中，对已凝固的产品，则事先用玻璃棒刺破蜡层。

（10）当试验添加剂产品时，向分液漏斗中注入 10mL 试样和 40mL 溶剂油，再加入 50mL 加热至 50～60℃的蒸馏水，将分液漏斗摇动 5min，澄清后分出下部水层，经滤纸滤入锥形烧瓶。

注：当石油产品用水混合，即用水抽提水溶性酸或碱，如出现乳化时，则用 50～60℃ 的 1：1 的 95％乙醇水溶液代替蒸馏水处理。

（11）用指示剂测定水溶性酸或碱

① 向两个试管中分别放 1～2mL 抽提物，在第一支试管中加入 2 滴甲基橙溶液，并将它与装有相同体积的蒸馏水和甲基橙溶液的第三支试管相比较，如果抽提物呈玫瑰色，则表示所测石油产品中有水溶性酸存在。

② 在第二支盛有抽提物的试管中加入 3 滴酚酞溶液，如果溶液呈玫瑰色或红色时，则表示有水溶性碱的存在。

③ 当抽提物用甲基橙或酚酞为指示剂，没有呈现玫瑰色或红色时，则认为没有水溶性酸或碱。

【基础知识】

一、水溶性酸、碱概念及来源

石油产品中的水溶性酸、碱是指石油炼制及油品运输、贮存过程中，混入其中的可溶于水的酸、碱。水溶性酸主要为硫酸、磺酸、酸性硫酸酯以及相对分子质量较低的有机酸等；水溶性碱主要为氢氧化钠、碳酸钠等。

原油及其馏分油中几乎不含有水溶性酸、碱，油品中的水溶性酸、碱多为油品精制工艺中加入的酸、碱残留物，它是石油产品质量检测的重要质量指标之一。

二、水溶性酸、碱的测定原理

油品中水溶性酸、碱测定的基本原理是：用蒸馏水与等体积的试样混合，经摇动在油、水两相充分接触的情况下，使水溶性酸、碱被抽提到水相中。分离分液漏斗下层的水相，用甲基橙（或酚酞）指示剂或用酸度计测定其 pH 值，以判断试样中有无水溶性酸、碱的存在。采用 pH 值来判断试样中是否存在水溶性酸、碱，如表 10-1 所示。当对油品的质量评价出现不一致时，水溶性酸、碱的仲裁试验按酸度计法进行。

表 10-1　抽出溶液 pH 值与油品有无水溶性酸、碱的关系

pH 值	油品水相特性	pH 值	油品水相特性
<4.5	酸性	9.0～10.0	弱碱性
4.5～5.0	弱酸性	>10.0	碱性
5.0～9.0	无水溶性酸、碱		

三、水溶性酸、碱的测定意义

1. 预测油品的腐蚀性

水溶性酸、碱的存在，表明油品经酸碱精制处理后，酸没有被完全中和或碱洗后用水冲洗得不完全。这部分酸、碱在贮存或使用时，能腐蚀与其接触的金属设备及构件。

2. 列为油品质量指标

油品中的水溶性酸、碱在大气中，在水分、氧气、光照及受热的长期作用下，会引起油品氧化、分解和胶化，降低油品安定性，促使油品老化。所以，在成品油出厂前，哪怕是发现有微量的水溶性酸、碱，都认为产品不合格。

3. 指导油品生产

油品中的水溶性酸、碱是导致油品氧化变质的不安定组分，油品中若检测出水溶性酸、碱，表明通过酸碱精制工艺处理后，这些物质还没有完全被清除彻底，产品不合格。需要优化工艺条件，以利于生产优质产品。

【训练考核】

汽油中水溶性酸或碱的测定。

【考核评价】

按照表 10-2 考核汽油中水溶性酸或碱的测定操作。

表 10-2　汽油中水溶性酸或碱的测定操作考核

训练项目	考核要点	分值	考核标准	得分
口述基本方法	方法概要及概念	10	表述准确、清晰	
准备	试样及仪器的准备	10	玻璃仪器的洗涤	
		10	取样前要摇动 5min	
测定	测定过程	10	正确量取试样和水	
		10	正确使用分液漏斗进行萃取	
		10	萃取后的水层需过滤	
		10	使用第三支试管做对比	
		10	正确判断指示剂颜色的变化	
结果	记录填写	5	字迹清晰、工整，无涂改	
	结果考察	10	结论正确	
试验管理	文明操作	5	台面整洁、仪器无破损、废液处理正确	

学习子情境二　航煤酸值的测定

学习目标

1. 掌握酸度、酸值概念及相关计算；
2. 掌握酸值测定原理及测定意义；
3. 能利用滴定分析法测定航煤的酸值；
4. 培养学生归纳、总结、创新意识和解决实际问题的能力。

情境描述

酸值（度）是表示石油产品中酸性物质的总含量，是用来表示石油产品中含有酸性物质的指标。油品中含有酸性物质不但对金属具有腐蚀作用，而且还能加速油品的老化和生成积炭，所以，油品的质量指标中规定了酸值（度）不可超过的数值。测定航煤酸值，首先需查找国家标准，即 GB/T 12574《喷气燃料总酸值测定法》设计试验测定方案，正确操作试验仪器设备，熟练使用微量滴定管进行滴定操作，正确判断指示剂在终点的变色情况，正确进行滴定分析计算，正确报出航煤酸值测定结果。

任务一　设计测定航煤酸值的试验方案

【任务实施及步骤】

（1）依据国家标准 GB/T 12574《喷气燃料总酸值测定法》，设计试验方案。

（2）认识测定航煤酸值所用仪器设备

① 微量滴定管：10mL，分度值为 0.05mL，如图 10-1 所示；

② 滴定瓶：由 500mL 三角烧瓶改制而成，如图 10-2 所示；

③ 微型玻璃气体流量计：供测定 600~800mL/min 氮气流速用；

④ 氮气发生器，使用时，先经碱石棉的玻璃干燥塔干燥，并脱二氧化碳，再经流量计，如图 10-3 所示。

图 10-1　微量滴定管　　　图 10-2　带旁支管的滴定瓶　　　图 10-3　氮气经碱石棉干燥塔，再
经玻璃流量计，通入滴定瓶

（3）微量滴定管的使用

① 洗涤；

② 检漏；

③ 装试样；

④ 排气泡；

⑤ 调液面；

⑥ 滴定操作；

⑦ 读数。

任务二　航煤酸值测定

【任务实施及步骤】

（1）试验前试剂准备

① 0.01mol/L 氢氧化钾-异丙醇标准溶液；

② 甲苯：分析纯；

③ 异丙醇：分析纯；

④ 水：符合 GB 6682 三级水规格；

⑤ 对萘酚苯指示剂溶液。

（2）滴定溶剂的配制　将 500mL 甲苯和 5mL 水加到 495mL 异丙醇中，混合均匀。

（3）测定操作

① 称取（100±5）g（精确至 0.5g）试样，放入滴定瓶中。

② 加入 100mL 滴定溶剂和 0.1mL 对萘酚苯指示剂。

③ 在通风橱内，由旁支管以 600～800mL/min 流速通入氮气；在不断地旋动下对混合液体鼓气泡 3min。

注：蒸发气体有毒、易燃，最好在通风橱中进行。

④ 继续通入氮气，在30℃以下，不断地旋动滴定瓶，用0.01mol/L氢氧化钾-异丙醇标准溶液进行滴定，直至出现亮绿色，并能保持15s，即为终点。

⑤ 用100mL滴定溶剂和0.1mL对萘酚苯指示剂溶液作空白滴定试验，同样通入氮气，并滴定到与上述情况相同的终点。

（4）结果计算　试样的总酸值 X(mgKOH/g) 按下式计算：

$$X = \frac{(V-V_0)c \times 56.1}{m}$$

式中　V——滴定试样所消耗的氢氧化钾-异丙醇标准溶液的体积，mL；

V_0——滴定空白所消耗的氢氧化钾-异丙醇标准溶液的体积，mL；

c——氢氧化钾-异丙醇标准溶液的实际浓度，mol/L；

56.1——氢氧化钾的摩尔质量，g/mol；

m——所取试样质量，g。

（5）精密度

① 重复性 r：

$$r = 0.0132\sqrt{\overline{X}}$$

② 再现性 R：

$$R = 0.0406\sqrt{\overline{X}}$$

式中　$\overline{X}$——总酸值的平均值。

（6）报告　取重复测定两个结果的算术平均值，作为试样的酸值，结果精确到0.001mgKOH/g。平均值小于0.0005mgKOH/g时，报告为0mgKOH/g。

【基础知识】

一、基本概念

中和100mL石油产品所需氢氧化钾的质量，称为酸度，以mgKOH/100mL表示；中和1g石油产品中的酸性物质，所需要的氢氧化钾质量，称为酸值，以mgKOH/g表示。

使用水和有机试剂复合萃取剂来抽提试样中的酸性物质，主要运用的是相似相溶原理，使试样中的无机酸、有机酸同时被抽提出来。

二、测定意义

1. 判断油品中所含酸性物质的数量

酸值（度）越高，油品中所含的酸性物质就越多。油品中酸性物质的数量随原油组成及其馏分油精制程度而变化。

2. 判断油品对金属材料的腐蚀性

有机酸的相对分子质量越小，它的腐蚀能力就越强。油品中的环烷酸、脂肪酸等有机酸与某些有色金属（如铅和锌等）作用，所生成的腐蚀产物金属皂类，还会促使燃料油品和润滑油加速氧化。同时，皂类物质逐渐聚集在油中形成沉积物，破坏机器的正常工作。汽油在贮存时氧化所生成的酸性物质，比环烷酸的腐蚀性还要强，它们的一部分能溶于水中，当油品中有水分落入时，便会增加其腐蚀金属容器的能力。柴油中的酸性物质对柴油发动机工作状况也有很大的影响，酸值（度）大的柴油会使发动机内的积炭增加，这种积炭是造成活塞磨损、喷嘴结焦的主要原因。

3. 判断润滑油的变质程度

对使用中的润滑油而言，在运行机械内持续使用较长一段时间后，由于机件间的摩擦、受热以及其他外在因素的作用，油品将受到氧化而逐渐变质，出现酸性物质增加的倾向。因此，可从使用环境中油品的酸（碱）值是否超出换油指标，来确定是否应当更换机油。

【知识拓展】

汽油、煤油和柴油酸度的测定，依据国家标准 GB 258《汽油煤油和柴油酸度的测定法》。轻质石油产品硫醇定性试验（博士试验法），依据石油化工行业标准 SH/T 0174《芳烃和轻质石油产品硫醇定性试验法》。

【训练考核】

（1）叙述酸值、酸度的概念及测定原理。

（2）测定航煤酸值。

【考核评价】

依据表 10-3 考核航煤酸值测定操作。

表 10-3　航煤酸值测定操作考核

训练项目	考核要点	分值	考核标准	得分
口述基本方法	方法概要及概念	10	表述准确、清晰	
准备	仪器的准备	5	玻璃仪器的洗涤	
		10	试验设备连接顺序正确，氮气流量设置准确（600～800mL/min 流速），通入时间符合规定（3min）	
	滴定溶剂配制	5	量取体积准确，混合均匀	
测定	测定过程	10	正确量取试样	
		10	微量滴定管操作正确	
		5	正确判断指示剂颜色的变化	
		5	保持时间准确（15s）	
		10	做空白试验，操作与滴定试样相同	
结果	记录填写	5	字迹清晰、工整、无涂改	
	结果考察	20	计算式正确，精密度符合要求	
试验管理	文明操作	5	台面整洁、仪器无破损、废液处理正确	

学习子情境三　石油产品铜片腐蚀试验

学习目标

1. 掌握金属腐蚀概念及试验的意义；

2. 能使用铜片腐蚀测定器进行铜片腐蚀试验；

3. 培养学生具有理论联系实际、实事求是、一丝不苟的科学态度。

情境描述

石油产品在贮存、运输和使用过程中，对所接触的机械设备会有腐蚀作用，其腐蚀作用不但会使机械设备损坏，影响其使用寿命，而且还会由于对金属设备的腐蚀反应生成不溶于油品的固体杂质，从而破坏油品的洁净度和安定性，所以，油品在出厂前需对其进行金属腐蚀试验，依据国家标准 GB/T 5096《石油产品铜片腐蚀试验法》，设计测定石油产品对铜的腐蚀性程度试验方案，认识并正确操作试验用仪器设备，按标准处理试验铜片，进行铜片腐蚀试验，并正确判断腐蚀等级。

任务一　设计石油产品铜片腐蚀试验方案

【任务实施及步骤】

（1）依据国家标准 GB 5096《石油产品铜片腐蚀试验法》，设计测定石油产品对铜的腐蚀性程度试验方案。

（2）认识铜片腐蚀测定器及附属设备

① 水浴或其他液体浴，能维持在试验所需的温度 40℃，50℃，（100±1）℃（或其他所需的温度）范围，有合适的支架能支持住试管在垂直位置，并浸没至浴液中约 100mm 深度，如图 10-4、图 10-5 所示。

注：光线对试验结果有干扰，因此，试样在试管中进行试验时，液浴容器应该用不透明材料制成。

② 试管：长 150mm，外径 25mm，壁厚 1～2mm，在试管 30mL 处有一刻线，如图10-6所示。

图 10-4　铜片腐蚀测定器　　　　图 10-5　测定器及附属设备　　　　图 10-6　带刻线试管

③ 保持试管在水浴中垂直的支架，如图 10-7 所示。

④ 磨片夹具，如图 10-8 所示。

⑤ 温度计：最小分度 1℃或小于 1℃，供指示所需的试验温度用。

（3）准备试验用材料

① 洗涤溶剂：只要在 50℃，试验 3h 不使铜片变色的任何易挥发、无硫烃类溶剂均可使用。

注：合适的溶剂有异辛烷，分析纯的石油醚或 GB 1922《溶剂油》中的 NY-120 号，在有争议时，应该使用分析纯异辛烷。

② 铜片：纯度大于 99.9%的电解铜，宽为 12.5mm，厚为 1.5～3.0mm，长为 75mm，如图 10-9 所示。

图 10-7　固定试管的支架

图 10-8　磨片夹具

注：铜片可以重复使用，但当铜片表面出现有不能磨去的坑点或深道痕迹，或在处理过程中，表面发生变形时，就不能再用。

③ 磨光材料：240 粒度（65μm）的碳化硅或氧化铝砂纸（或砂布），105μm（150 目）的碳化硅或氧化铝砂粒，以及药用脱脂棉。

注：在有争议时，用碳化硅材质的磨光材料。

（4）认识腐蚀标准色板　腐蚀标准色板是用金属加工复制而成的。它是在一块铝薄板上印刷四色加工而成的，腐蚀标准色板是由代表失去光泽表面和腐蚀增加程度的典型试验铜片组成。为了保护起见，这些腐蚀标准色板嵌在塑料板中，在每块标准色板的反面给出了腐蚀标准色板的使用说明，如图 10-10 所示。

图 10-9　贮存在溶剂油
中试验用铜片

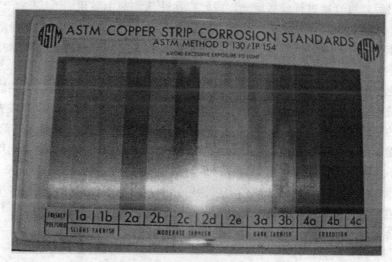

图 10-10　铜片腐蚀色板

（5）腐蚀标准色板的检查

① 为了避免色板可能褪色，腐蚀标准色板应避光存放。试验用的腐蚀标准色板要用另一块在避光下仔细地保护的（新的）腐蚀标准色板与它进行比较来检查其褪色情况。在散射的日光下，对色板进行观察：先从上方直接看，然后再从 45°角看。如果观察到有任何褪色的迹象，特别是在腐蚀标准色板的最左边的色板有这种迹象，则废弃这块色板。

② 另一种检查方法是，当购进新色板时，把一条 20mm 宽的不透明片（遮光片）放在

这块腐蚀标准色板带颜色部分的顶部，把不透明片经常拿开，以检验暴露部分是否有褪色的迹象，如果发现有任何褪色的迹象，则更换这块色板。

③ 如果塑料板表面显示出有过多的划痕，则应更换这块色板。

任务二　石油产品铜片腐蚀试验

【任务实施及步骤】

（1）取样

① 将试样贮放在干净、深色的玻璃瓶、塑料瓶或其他不致影响到试样腐蚀性的合适的容器中，不可使用镀锡铁皮容器来贮存试样。

② 容器要尽可能装满试样，取样后立即盖上，实验室收到试样后，在打开容器后尽快进行试验。

③ 如果在试样中看到有悬浮水（浑浊），则用一张中速定性滤纸过滤到一个清洁、干燥的试管中，此操作尽可能在暗室或避光的屏风下进行。

注：在整个试验进行前、试验中或试验结束后，铜片与水接触会引起变色，使铜片评定造成困难。

（2）试片的制备

① 表面准备。先用碳化硅或氧化铝砂纸（或砂布）把铜片六个面上的瑕疵去掉，再用240粒度的碳化硅或氧化铝砂纸（或砂布）处理，以除去在此以前用其他等级砂纸留下的打磨痕迹，用定量滤纸擦去铜片上的金属屑后，把铜片浸在洗涤溶剂中，铜片从洗涤溶剂中取出后，可直接进行最后磨光，或贮存在洗涤溶剂中备用。

注：操作要领是把一张砂纸放在平坦的表面上，用煤油或洗涤溶剂湿润砂纸，以旋转动作将铜片对着砂纸摩擦，用无灰滤纸或夹钳夹持，以防铜片与手指接触。

② 最后磨光。从洗涤溶剂中取出铜片，用无灰滤纸夹拿铜片，取 $105\mu m$ 的碳化硅或氧化铝砂粒放在玻璃板上，用1滴洗涤溶剂润湿，并用一块脱脂棉蘸取砂粒，用不锈钢镊子夹持铜片，千万不能接触手指。先摩擦铜片各端边，然后将铜片夹在夹钳上，用沾在脱脂棉上的砂粒磨光主要表面。磨时要沿铜片的长轴方向，在返回来磨以前，使动程越出铜片的末端。用一块干净的脱脂棉使劲地摩擦铜片，除去所用的铜屑，直到用一块新的脱脂棉擦拭时不再留下污斑为止。当铜片擦净后，马上浸入已准备好的试样中。

注：为了得到一块均匀的腐蚀色彩铜片，均匀地磨光铜片的各个表面是很重要的。如果边缘已出现磨损（表面呈椭圆形），则这些部分的腐蚀大多显得比中心厉害得多。使用夹钳会有助于铜片表面磨光。

（3）试验操作

① 根据试样不同，按标准设定不同温度的水浴，见表10-4。

表10-4　部分油品铜片腐蚀性的试验条件

油品名称	加热温度/℃	浸渍时间/min
天然汽油	40±1	180±5
车用汽油、柴油、燃料油	50±1	180±5
航空汽油、喷气燃料	100±1	120±5
煤油、溶剂油	100±1	180±5
润滑油	100 或更高温度±1	180±5

② 把完全处理好的铜片，用镊子将其放入试样中，塞上软木塞后，将试管浸入规定温度的水浴中〔发动机燃料水浴温度为（50±2）℃〕，试管内的试样液面必须低于水浴的液面，放入 180min 后，将试管从水浴中取出，倒出试样，小心用镊子取出铜片。

③ 将取出的铜片放入温热的丙酮或无水乙醇-苯混合液的瓷皿中，趁热洗涤，然后用定量滤纸吸干铜片上的洗涤溶剂。

④ 把铜片与腐蚀标准色板比较来检查变色或腐蚀迹象。

注：比较时，把铜片和腐蚀标准色板对光线成 45°角折射的方向拿持，进行观察。

（4）结果的表示

① 当铜片是介于两种相邻的标准色阶之间的腐蚀级别时，则按其变色严重的腐蚀级别判断，得出结果。

② 当铜片出现有比标准色板中 1b 还深的橙色时，则认为腐蚀仍属 1 级，但是，如果观察到有红颜色时，则为 2 级。

（5）结果的判断　如果重复测定的两个结果不同，则重新进行试验，当重新进行试验的两个结果仍不同时，则按变色严重的腐蚀级别来上报结果。

【基础知识】

一、铜片腐蚀原因及危害

金属材料与环境介质接触发生化学或电化学反应而被损坏的现象，称为金属腐蚀。石油产品对金属腐蚀，既有化学腐蚀也有电化学腐蚀，高温情况下还可能发生更为严重的"烧蚀"现象。直接原因就是油品中含有水溶性酸、碱和有机酸性物质以及含硫化合物等，特别是油品中没有彻底清除的硫及其化合物对发动机及其他机械设备的腐蚀更为严重。硫及其化合物主要是游离硫（S）和活性硫化物。活性硫化物包括硫化氢、低级硫醇、硫黄和酸性硫酸酯等。活性硫化物主要来源于石油产品的加工过程，它主要存在于石油的轻质馏分中，能直接腐蚀金属。其中，发动机燃料铜片腐蚀试验对游离硫（S）和活性硫化物的检验非常灵敏。

金属腐蚀所造成的危害不仅会引起金属表面色泽、外形发生变化，而且还会直接影响其机械性能，降低有关仪器、仪表、设备的精密度和灵敏度，缩短其使用寿命，甚至导致重大生产事故。

二、铜片腐蚀试验测定原理

铜片腐蚀试验测定的基本原理是：将一块已磨光好的规定尺寸和形状的铜片浸渍在一定量待测试样中，使油品中腐蚀性介质（如水溶性酸、碱、有机酸性物质，特别是"活性硫"等）与金属铜片接触，并在规定的温度下维持一段时间，使试样中腐蚀活性组分与金属铜片发生化学或电化学反应，试验结束后再取出铜片，根据洗涤后铜片表面颜色变化的深浅及腐蚀迹象，并与腐蚀标准色板进行比较，确定该油品对铜片的腐蚀级别。

试验过程中铜片表面受待测试样的侵蚀程度，取决于试样中含有的腐蚀活性组分的多少，由此预测石油产品在使用环境下对金属设备及构件的腐蚀倾向。腐蚀标准共分为四级，如表 10-5 所示。

三、铜片腐蚀试验测定意义

铜片腐蚀试验可以判断油品中是否含有能腐蚀金属的活性硫化物，在汽油的精制过程中，必须用此试验检测活性硫化物是否脱除完全。而且，铜片腐蚀试验还可以预知发动机燃料在使用过程中对金属腐蚀的可能性。油品在贮存、运输和使用时，都会与金属接触，尤其对内燃机供油和汽化系统中的金属关系更大，所以，铜片腐蚀试验必须合格，它是油品的重要指标之一。

表 10-5　腐蚀标准色板的分级

分　级	名　称	说明①
新磨光的铜片	—	②
1	轻度变色	(1)淡橙色，几乎与新磨光的铜片一样 (2)深橙色
2	中度变色	(1)紫红色 (2)淡紫色 (3)淡紫蓝色，或银色，或两种都有，并分别覆盖在紫红色上的多彩色 (4)银色 (5)黄铜色或金黄色
3	深度变色	(1)洋红色覆盖在黄铜色上的多彩色 (2)有红和绿显示的多彩色(孔雀绿)，但不带灰色
4	腐蚀	(1)透明的黑色、深灰色或仅带有孔雀绿的棕色 (2)石墨黑色或无光泽的黑色 (3)有光泽的黑色或乌黑发亮的黑色

① 铜片腐蚀标准色板是由表中这些说明所表示的色板组成的。

② 此系列中所包括的新磨光铜片，仅作为试验前磨光铜片的外观标志，即使一个完全不腐蚀的试样经试验后也不可能重现这种外观。

【知识拓展】

飞速发展的航空事业，喷气发动机供油系统中的高压柱塞泵业已采用了镀银部件，以改善防腐性能，延长使用周期。为此，喷气燃料要求银片腐蚀性试验，直接评定喷气燃料对金属银腐蚀的活性组分，改善喷气燃料的质量，防止其对银的腐蚀作用，保证燃油泵安全运行，具有十分重要的意义。

石油产品银片腐蚀试验按 SH/T 0023《喷气燃料银片腐蚀试验法》标准试验方法进行，主要适用于测定喷气燃料对航空涡轮发动机燃料系统银部件的腐蚀倾向。其测定的基本原理是：将磨光好的银片浸渍在盛有 250mL 试样的试管中，再将其置入温度为（50±1）℃的水浴中，维持 4h 或更长时间，使试样中腐蚀性介质（如水溶性酸、碱、有机酸性物质，特别是游离硫和硫醇等）与金属银片发生化学或电化学反应，待试验结束后再取出银片，根据洗涤后银片表面颜色变化的深浅及腐蚀迹象，按标准中规定的银片分级表确定该试样对银片的腐蚀级别。

【训练考核】

（1）汽油对铜片腐蚀试验。

（2）完成此学习情境部分习题。

【考核评价】

按照表 10-6 考核汽油铜片腐蚀试验操作。

表 10-6　汽油铜片腐蚀试验操作考核

训练项目	考核要点	分值	考核标准	得分
口述基本方法	方法概要	5	表述准确、清晰	
准备	试片的准备	10	按规定步骤处理	
		5	处理时，先用洗涤溶剂湿润砂纸	
		10	铜片去瑕疵要彻底	
		5	处理铜片不能与手接触	
测定	测定过程	10	试样如含悬浮水和出现浑浊需进行处理	
		5	取样应快速且避光	
		5	铜片处理完，擦净应马上浸入试样中	
		5	按标准规定设置恒温温度和时间	
		5	取出铜片时应使用不锈钢镊子	
		5	试验完成后的铜片应立即清洗	
		5	铜片与比色板比较时与光线应呈 45°	
结果	记录填写	10	字迹清晰、工整，无涂改	
	结果考察	10	腐蚀等级判断准确	
试验管理	文明操作	5	台面整洁、仪器无破损、废液处理正确	

附 录 主要石油产品的技术要求（质量指标及实验方法）

一、无铅车用汽油

由液体烃类和改善使用性能的添加剂组成的无铅车用汽油，适用于点燃式内燃机的燃料。

无铅车用汽油按研究法辛烷值分 90 号、93 号和 95 号三个牌号。

技术要求：

项 目		质 量 指 标			试验方法
		90 号	93 号	95 号	
抗爆性					GB/T 5487
研究法辛烷值	不小于	90	93	95	
抗爆指数	不小于	85	88	90	
馏程					GB/T 6536
10%馏出温度/℃	不高于	70			
50%馏出温度/℃	不高于	120			
90%馏出温度/℃	不高于	190			
终馏点/℃	不高于	205			
残留量/%	不大于	2			
蒸气压/kPa					GB/T 257
5 月 1 日至 10 月 31 日	不大于	88			
11 月 1 日至 4 月 30 日	不大于	72			
实际胶质/(mg/100mL)	不大于	5			GB 509
铅含量/(g/L)	不大于	0.013			GB/T 8020
诱导期/min	不小于	480			GB/T 8018
博士试验		通过			SH/T 0174
硫含量(质量分数)/%	不大于	0.15			GB/T 380
铜片腐蚀(50℃,3h)/级	不大于	1			GB/T 5096
水溶性酸或碱		无			GB/T 259
机械杂质及水分		无			目测

注：1. 本标准规定了铅含量最大限值，但不允许故意加铅。为了便于与加铅汽油区分，无铅车用汽油不添加着色染料。

2. 实际胶质允许用 GB/T 509 测定，仲裁试验以 GB/T 8019 方法测定的结果为准。

3. 机械杂质及水分目测：将试样注入 100mL 玻璃量筒中观察，应当透明，没有悬浮和沉降的机械杂质及水分。有异议时，以 GB/T 511 和 GB/T 260 方法测定的结果为准。

二、汽油的抗爆性

汽油燃烧性能的好坏，是用抗爆性来衡量的，汽油的抗爆性即汽油抗拒爆震的能力。而汽油的抗爆性则用辛烷值来表示。辛烷值是用来表示点燃式发动机燃料抗爆性能的一个约定数值。辛烷值越高，汽油的抗爆性越好，使用时可允许发动机在更高的压缩比下工作，这样可以提高发动机功率，降低燃料消耗。

压缩比是指活塞在下止点时的汽缸容积（V_1）与在上止点时的汽缸容积（V_2）的比值。通常，提高压缩比，混合气体被压缩的程度增大，可提高发动机的功率，降低油耗。但是压缩比越大，压缩后混合气的温度和压力越高，有利于过氧化物的生成和积累，反而易发生爆震。因此，不同压缩比的发动机，必须使用抗爆性与其相匹配的汽油，才能提高发动机的功率而不会产生爆震现象。目前汽车发动机正朝着增大压缩比的方向发展，这就要求生产更多抗爆性能好（辛烷值高）的汽油。

辛烷值是在标准试验条件下，将汽油试样与已知辛烷值的标准燃料（或称参比燃料）在爆震试验机上进行比较，如果爆震强度相当，则标准燃料的辛烷值即为被测汽油的辛烷值。标准燃料是由抗爆性能很高的异辛烷（2,2,4-三甲基戊烷，其辛烷值规定为 100）和抗爆性能很低的正庚烷（其辛烷值规定为 0）按不同体积分数配制而成的。标准燃料的辛烷值就是燃料中所含异辛烷的体积分数。辛烷值是车用汽油最重要的质量指标，它是一个国家炼油工业水平和车辆设计水平的综合反映。

我国车用无铅汽油按研究法辛烷值划分为 3 个牌号：90 号、93 号和 95 号。为了满足汽油的使用要求，成品油必须严格按指标控制生产。通常，同一原油加工出来的汽油其辛烷值按直馏汽油、催化裂化汽油、催化重整汽油、烷基化汽油的顺序依次升高。这是由于催化汽油含较多的烯烃、异构烷烃和芳烃，重整汽油含较多的芳烃，而烷基化汽油几乎是 100% 的异构烷烃。为了适应发动机在不同转速下的抗爆要求，优质汽油应含有较多异构烷烃。异构烷烃不但辛烷值高、抗爆性能好，而且敏感性低，发动机运行稳定，因此是汽油中理想的高辛烷值组分。

车用汽油抗爆性的评定方法通常有四种。

1. 马达法辛烷值（MON）

辛烷值的测定都是在标准单缸发动机中进行的。马达法辛烷值是在 900r/min 的发动机中测定的，测定是在较高的混合气温度（一般加热至 149℃）下进行的。用以表示点燃式发动机在重负荷条件下及高速行驶时，汽油的抗爆性能。马达法辛烷值目前仍是我国航空汽油的质量指标。

2. 研究法辛烷值（RON）

研究法辛烷值的测定是发动机在 600r/min，在较低的混合气温度（一般不加热）条件下进行的。它表示点燃式发动机在低速运转时汽油的抗爆性能。试验时进入汽缸的混合气未经预热，温度较低。研究法所测结果一般比马达法高出 5～10 个辛烷值单位。目前研究法测定车用汽油辛烷值已被确定为国际标准方法。

研究法辛烷值和马达法辛烷值之差称为该汽油的敏感性。它反映汽油抗爆性随发动机工作状况剧烈程度的加大而降低的情况。敏感性越低，发动机的工作稳定性越高。敏感性的高低取决于油品的化学组成，通常烃类的敏感性顺序为：

芳烃＞烯烃＞环烷烃＞烷烃

根据化学组成的不同，不同来源的汽油其敏感性相差很大。例如，以芳烃为主的重整汽油，敏感性一般为 8～12；烯烃含量较高的催化裂化汽油，敏感性一般为 7～10；以烷烃为主的直馏汽油，敏感性一般为 2～5。

3. 道路法辛烷值

马达法和研究法辛烷值都是在实验室中用单缸发动机在规定条件下测定的，它不能完全反映汽车在道路上行驶时的实际状况。为此，一些国家采用行车法来评价汽油的实际抗爆能力，称为道路法辛烷值。它是在一定温度下，用多缸汽油机进行辛烷值测定的一种方法。

4. 抗爆指数

与道路法辛烷值相似，抗爆指数是又一个反映车辆在行驶时的汽油抗爆性能指标。抗爆指数又称为平均实验辛烷值。

$$ONI = \frac{MON + RON}{2}$$

式中　ONI——抗爆指数。

目前，我国车用无铅汽油已对抗爆指数指标提出了明确的要求。

研究法辛烷值是按 GB/T 5487—1995《汽油辛烷值测定法（研究法）》标准方法进行的。国内汽油辛烷值测定机大多使用 ASTM-CFR 试验机。

优质汽油研究法辛烷值一般为 96～100，普通汽油为 90～95。当汽车使用了标号偏低的车用汽油，车用汽油的抗爆性不够，导致汽油燃烧不充分，易使发动机产生爆震，功率下降，油耗增大。如果在高压缩比发动机上使用低标号汽油还会造成发动机汽缸和油嘴积炭增加，使汽车的故障率和维修次数提高。由于发动机内油品燃烧不充分，使尾气排放恶劣化，将加剧对大气环境的污染。

三、轻柴油技术要求

项　目	优质品						一级品						合格品						试验方法
	5号	0号	-10号	-20号	-35号	-50号	5号	0号	-10号	-20号	-35号	-50号	5号	0号	-10号	-20号	-35号	-50号	
十六烷值　不小于	45						45						45						GB/T 386
馏程：50%馏出温度/℃　不高于	300						300						300						GB/T 6536
90%馏出温度/℃　不高于	355						355						355						
95%馏出温度/℃　不高于	365						365						365						
实际胶质/(mg/100mL)　不大于													70						GB/T 509
碘值/(gI$_2$/100g)　不大于	6																		SH/T 0234
水分/%　不大于	痕迹						痕迹						痕迹						GB/T 260
酸度/(mgKOH/100mL)　不大于	5						5						10						GB/T 258
10%蒸余物残炭/%　不大于	0.3						0.3						0.4			0.3			GB/T 268
铜片腐蚀(50℃,3h)/级　不大于	1						1						1						GB/T 5096
水溶性酸或碱	无						无						无						GB/T 259
机械杂质	无						无						无						目测
运动黏度(20℃)/(mm^2/s)	3.0~8.0	3.0~8.0	3.0~8.0	2.5~8.0	1.8~7.0	1.8~7.0	3.0~8.0	3.0~8.0	3.0~8.0	2.5~8.0	1.8~7.0	1.8~7.0	3.0~8.0	3.0~8.0	3.0~8.0	2.5~8.0	1.8~7.0	1.8~7.0	GB/T 265
凝点/℃　不高于	5	0	-10	-20	-35	-50	5	0	-10	-20	-35	-50	5	0	-10	-20	-35	-50	GB/T 510
冷滤点/℃　不高于	8	4	-5	-14	-29	-44	8	4	-5	-14	-29	-44	8	4	-5	-14	-29	-44	SH/T 0248
闪点(闭口杯法)/℃　不低于	65				45		65				45		65				45		GB/T 261
密度(20℃)/(kg/m^3)	实测						实测						实测						GB/T 1884
硫含量/%　不大于	0.2						0.5						1.0						GB/T 380
灰分/%　不大于	0.01						0.01						0.02						GB/T 508

四、柴油抗爆性

柴油的抗爆性，即柴油在发动机汽缸内燃烧时抵抗爆震的能力，换言之，就是柴油燃烧的平稳性。柴油机的爆震主要取决于滞燃期。柴油从喷入汽缸到燃料自燃着火这段时间称为着火滞后期（或称为滞燃期，用曲轴旋转角度表示）。如果柴油的自燃点较低，则着火滞燃期短，燃料着火后，边喷油、边燃烧，发动机工作平稳，热功效率高。但是，如果柴油的自燃点高，则着火滞燃期增长，以致在开始自燃时，汽缸内积累较多的柴油同时自燃，温度和压力将剧烈增高，冲击活塞头剧烈运动而发出金属敲击声，这就是柴油机的爆震。柴油机的爆震同样会使柴油燃烧不完全，形成黑烟，油耗增大、功率降低，并使机件磨损加剧，甚至损坏。

柴油抗爆性通常用十六烷值表示，一般十六烷值高的柴油，抗爆性能好，燃烧均匀，不易发生爆震现象，使发动机热功效率提高，使用寿命延长。但是柴油的十六烷值也并不是越高越好，使用十六烷值过高（如十六烷值大于 65）的柴油同样会产生黑烟，燃料消耗量反而增加，这是因为燃料的着火滞后期太短，自燃时还未与空气形成均匀混合，致使燃烧不完全，部分烃类因热分解而形成黑烟；另外，柴油的十六烷值过高，还会减少燃料的来源。再有，不同转速的柴油机对柴油十六烷值要求是不同的。一般轻柴油的十六烷值在 40~50 之间就足够了。

柴油抗爆性能的好坏与其化学组成及馏分组成密切相关。实验表明，相同碳原子数的不同烃类，正构烷烃的十六烷值最高，无侧链稠环芳烃的十六烷值最低，正构烯烃、环烷烃、异构烷烃居中；烃类的异构化程度越高，环数越多，其十六烷值越低；芳烃和环烷烃随侧链的长度的增加，其十六烷值增加，而随侧链分支的增多，十六烷值显著降低；对相同的烃类来说，相对分子质量越大，热稳定性越差，自燃点越低，十六烷值越高。

以石蜡基原油生产的柴油，其十六烷值高于环烷基原油生产的柴油，这是由于前者含有较多的烷烃，而后者含有较多的环烷烃所致。由相同类型原油生产的柴油，直馏柴油的十六烷值要比催化裂化、热裂化及焦化生产的柴油高，其原因就在于化学组成发生了变化，催化裂化柴油含有较多芳烃，热裂化和焦化柴油含有较多烯烃，因此十六烷值有所降低。经过加氢精制的柴油，由于其中的烯烃转变为烷烃，芳烃转变为环烷烃，故十六烷值明显提高。

为提高柴油的抗爆性能，可将十六烷值低的热裂化、焦化柴油和部分十六烷值较高的直馏柴油掺和使用，此即柴油的调和。此外还可以采用加入添加剂的手段，提高柴油的十六烷值，常用的添加剂是硝酸烷基酯。如何评价柴油抗爆性呢，其评定方法有 3 种。

1. 十六烷值

十六烷值是评定柴油抗爆性能（或称为着火性质）的指标之一。它是在规定操作条件的标准发动机试验中，将柴油试样与标准燃料进行比较测定，当两者具有相同的着火滞后期时，标准燃料的正十六烷值即为试样的十六烷值。

标准燃料是用抗爆性能好的正十六烷和抗爆性能较差的七甲基壬烷按不同体积比配制成的混合物。规定正十六烷的十六烷值为 100，七甲基壬烷的十六烷值为 15。例如，某试样经规定试验比较测定，其着火滞后期与含正十六烷体积分数为 48%、七甲基壬烷体积分数 52% 的标准燃料相同，则该试样的十六烷值即为：

$$CN = \varphi_1 + 0.15\varphi_2$$

式中　CN——标准燃料的十六烷值；

　　　φ_1——正十六烷的体积分数，%；

　　　φ_2——七甲基壬烷的体积分数，%。

2. 十六烷指数

十六烷指数是表示柴油抗爆性能的一个计算值，它是用来预测馏分燃料十六烷值的一种辅助手段。当原料和生产工艺不变时，可用十六烷指数检验柴油馏分的十六烷值，进行生产过程的质量控制。试样的十六烷指数按下式计算：

$$CI = 431.29 - 1586.88\rho_{20} + 730.97(\rho_{20})^2 + 12.392(\rho_{20})^3 + 0.0515(\rho_{20})^4$$
$$- 0.554B + 97.803(\lg B)^2$$

式中　CI——试样的十六烷指数；

ρ_{20}——试样在 20℃时的密度，g/mL；

B——试样的中沸点，℃。

中沸点是指：在具有对称蒸馏曲线的油品中，馏出 50％的体积时的相应温度。上式的应用有一定的局限性，它不适用于计算纯烃、合成燃料、烷基化产品、焦化产品以及从页岩油和油砂中提炼燃料的十六烷指数；也不适用于计算加有十六烷改进剂的馏分燃料的十六烷指数。

目前，十六烷指数已列入我国车用柴油的质量指标。

3. 柴油指数

柴油指数是表示柴油抗爆性能的另一个计算值。它是和柴油密度、苯胺点（苯胺点指油品在规定条件下和等体积的苯胺完全混溶时的最低温度。）相关联的参数。还可以用它计算十六烷值。柴油指数的表达式为：

$$DI = \frac{(1.8t_A + 32)(141.5 - 131.5 d_{15.6}^{15.6})}{100 d_{15.6}^{15.6}}$$

$$DI = \frac{(1.8t_A + 32)API°}{100}$$

式中　DI——柴油指数；

API°——柴油的相对密度指数；

t_A——柴油的苯胺点，℃；

$d_{15.6}^{15.6}$——柴油在 15.6℃时的相对密度。

通过下面经验公式，可由柴油指数计算十六烷值：

$$CI = \frac{2}{3}DI + 14$$

虽然十六烷指数和柴油指数的计算简捷、方便，很适于生产过程的质量控制，但也不允许随意替代用标准发动机试验装置所测定的试验值，柴油规格指标中的十六烷值必须以实测为准。测定十六烷值的基本原理是：在标准操作条件下，将试样的着火性质与已知十六烷值的两个标准燃料相比较，其中两个标准燃料的十六烷值分别比试样略高或略低，在着火滞后期相同的情况下，测定它们的压缩比（用手轮读数表示）并据此用内插法计算试样的十六烷值。

五、喷气燃料

天然原油加工制得的喷气燃料，其代号为 RP-3。

技术要求：

项　目		质量指标	试验方法
密度(20℃)/(kg/m³)		775～830	GB/T 1884
馏程			
初馏点/℃		实测	
10％馏出温度/℃	不高于	204	
20％馏出温度/℃		实测	
50％馏出温度/℃	不高于	232	GB/T 255
90％馏出温度/℃		实测	
98％馏出温度/℃	不高于	280	
残留量及损失量/％	不大于	2.0	

续表

项 目		质量指标	试验方法
闪点(闭口杯)/℃	不低于	38	GB/T 261
运动黏度/(mm²/s) 20℃ 　 　 　 　 　 　-20℃	不小于 不大于	1.25 8.0	GB/T 265
冰点/℃	不高于	-47	GB/T 2430
芳烃含量(体积分数)/%	不大于	20	GB/T 11132
酸度/(mgKOH/100mL)	不大于	1.0	GB/T 258
烯烃含量(体积分数)/%	不大于	5	GB/T 11132
硫含量(质量分数)/%	不大于	0.20	GB/T 380
硫醇性硫含量(质量分数)/%	不大于	0.001	GB/T 1792
铜片腐蚀(100℃,2h)/级	不大于	1	GB/T 5096
银片腐蚀(50℃,4h)/级	不大于	1	SH/T 0023
实际胶质/(mg/100mL)	不大于	5	GB/T 509
铜离子含量/(μg/kg)	不大于	150	SH/T 0182
净热值/(J/g)(kcal/kg)	不小于	42800	GB/T 384
燃烧性能(需满足下列要求之一) 　1. 烟点/mm 　2. 萘系烃含量(烟点不小于20)(体积分数)/% 　3. 辉光值	不小于 不大于 不小于	25 3 45	GB/T 382 SH/T 0181 GB/T 11128
水反应 　体积变化/mL 　界面情况/级	不大于 不大于	1 1b	GB/T 1793
分离程度/级		实测	GB/T 1793
固体颗粒污染物含量/(mg/L)		实测	SH/T 0093
动态热安定性 　过滤器压力降/kPa 　预热管评级/级 或热氧化安定性 　过滤器压力降/kPa 　预热管评级/级	不大于 小于 不大于 小于	10.1 3 3.3 3	SH/T 0180
颜色		实测	GB/T 3555
外观		清澈透明、无不溶解水及悬浮物	目测
电导率(20℃)/(pS/m)		50~350	GB/T 6539

六、煤油

从石油制取的直馏或二次加工经过精制的、不含热裂化组分的煤油。适用于点灯照明和各种煤油燃烧器用燃料。按质量分为优级品、一级品和合格品三个等级。

技术要求:

项　　目		质量指标			试验方法
		优级品	一级品	合格品	
色度/号	不小于	25	19	13	GB/T 3555
硫醇硫/%	不大于	0.001	0.003		GB/T 1792
硫含量/%	不大于	0.04	0.06	0.10	GB/T 380
馏程 　10%馏出温度/℃ 　终馏点/℃	不高于 不高于	205 300	205 300	225 310	GB/T 6536
闪点(闭口)/℃	不低于	40			GB/T 261
冰点/℃	不高于	−30			GB/T 2430
浊点/℃	不高于		−15	−12	GB/T 6986
运动黏度(40℃)/(mm²/s)		1.0～1.9	1.0~2.0		GB/T 265
铜片腐蚀(100℃,3h)/级 铜片腐蚀(100℃,2h)/级	不大于 不大于	1	1	1	GB/T 5096
机械杂质及水分		无			目测
水溶性酸或碱		无			GB/T 259
密度(20℃)/(kg/m³)	不大于	840			GB/T 1884
燃烧性(点灯试验) 　16h(试验结束时达到下列要求) 　平均燃烧速率/(g/h) 　火焰宽度变化/mm 　火焰高度降低/mm 　灯罩附着物浓密程度 　灯罩附着物颜色	不大于 不大于 不重于 不深于	18～26 6 5 轻微 白色	18～26 6 5		GB/T 11130

参 考 文 献

[1] 中国石油化工股份有限公司科技开发部．石油和石油产品试验方法国家标准汇编：2005（上）．北京：中国标准出版社，2005.

[2] 石油化工科学研究院．石油和石油产品试验方法（增补版）．北京：中国标准出版社，1988.

[3] 王宝仁等．石油产品分析．北京：化学工业出版社，2009.

[4] 王宝仁等．油品分析．北京：高等教育出版社，2010.

[5] 姜学信．石油产品分析．北京：化学工业出版社，1999.

[6] 刘世纯．实用分析化验工读本．第 2 版．北京：化学工业出版社，2005.

[7] 刘珍．化验员读本．第 4 版．北京：化学工业出版社，2004.

[8] 胥朝褆．分析工．北京：化学工业出版社，2004.

[9] 王建梅．化学检验基础知识．北京：化学工业出版社，2005.

[10] 孙乃有，甘黎明．石油产品分析．北京：化学工业出版社，2012.